STANDARDIZED · MENU

上海学校食堂标准化菜谱
（高校版）

上海现代高校智慧后勤研究院
上海市学校后勤协会　编

复旦大学出版社

编写委员会

顾　　问：闵　辉　李瑞阳　潘迎捷

主　　任：张　旭

副 主 任：沙德银　毛　岚　周宇华

食品安全与营养指导专家：潘迎捷　厉曙光　吴晓明　赵　勇　刘　洪

委　　员：董种德　沈建平　富琴军　周琦玢　袁红玉　周曙岗　戴育明

　　　　　任国荣　刘伟纲　陈志华　方　勇　宋晓平　杨　勇

组　　长：周宇华　沈建平

副 组 长：周琦玢　袁红玉

成　　员：周慧娟　韩　希　施　祺

摄　　影：王自奇

指导单位：上海市教育委员会

　　　　　上海市市场监督管理局

　　　　　上海市粮食储备与物资管理局

序

高校学生食堂工作关系到广大学生的切身利益，对高等教育事业健康发展、校园安全、社会和谐稳定具有重要意义。作为社会化改革发韧之地，上海高校学生食堂经过20余年的磨砺，坚持公益性原则、成本合理分担原则和分类管理原则，建立了符合上海高校餐饮需求的保障体系，有力地支撑了上海高等教育事业的快速发展，并为学校稳定做出了重要贡献。

随着中国特色社会主义进入新时代，人民日益增长的对美好生活的向往在当前学校后勤改革和发展中也一样有所体现。师生对高品质、个性化校园生活的追求更加迫切，特别是校园餐饮保障服务。政府和学校要求进一步推进高校餐饮结构性分类管理，既要做好保障性餐饮服务，也要更好地响应师生对多样化餐饮服务的需求。

在"十四五"期间，结合现阶段上海发展水平和高校改革实际情况，按照《上海市美丽平安学校"十四五"规划》要求，通过制度化和标准化建设，确保学校餐饮保障工作适应教育综合改革、学校发展和师生需求。继6T食堂创建标准发布之后，针对校园保障性大伙食堂，推出本标准化菜谱，标志着餐饮标准化逐渐从操作标准向品质保证过渡。从保障型菜品标准制定开始，规范大学食堂保障型菜品从原料到成品的准备和制作，同时能够更好地满足师生对安全、可口和健康餐饮的需求，更合理指导大学生的健康膳食摄入。标准化菜谱的推出是大学餐饮改革的创新和探索，为后续食材定量化、菜品系列化、配送集约化、烹饪标准化、成本透明化、营养科普化打下了很好的基础。

后疫情时代的到来将进一步推动健康营养膳食的潮流，标准化菜谱除了做好菜品和操作流程的规范外，也规范、科学地制定了餐饮营养成分和微量元素标准，并提供了符合大学生营养摄入的指南。本书不仅给高校后勤餐饮管理和服务者提供相关操作标准，规范保障性餐饮的菜品质量，同时也为高校师生带来更健康、更营养的餐饮摄入科普与指导。期待高校标准化菜谱能在高校得到广泛应用，为师生保障性餐饮提供基础标准，并以此为契机，打造符合未来学校餐饮发展趋势的集约化、智能化、标准化食堂。

中共上海市教育卫生工作委员会副书记
上海市教育委员会副主任
2022年11月

前　言

为深入贯彻国家关于教育强国和"教育现代化2035"的战略部署，落实《教育部等五部门关于进一步加强高等学校学生食堂工作的意见》和《上海市教育委员会等六部门关于贯彻落实〈教育部等五部门关于进一步加强高等学校学生食堂工作的意见〉的通知》的精神，服务国家战略和上海教育改革发展，全方位赋能"十四五"教育综合改革，围绕《上海市美丽平安学校"十四五"规划》进一步落实高校学生食堂运行长效机制建设，完善高校食品安全管理和保障体系，推进校园餐饮管理的标准化、规范化和质量化，特组建高校标准化餐饮研究专家组，委托上海现代高校智慧后勤研究院成立学校餐饮管理研究中心进行学校餐饮标准化建设工作。以菜品标准化作为切入口，对校园基础性餐饮需求进行"提质"，逐步完善高校菜品操作与品质标准化，提高新型需求的餐饮管理和服务供给能力，满足师生对美好校园生活的迫切需求。

标准化菜谱课题组由40余所上海高校的后勤处负责人、高校餐饮管理专家、营养专家和食品安全卫生专家组成，历时1年，召开20余次研究讨论会，规划以菜谱的形式列出菜品的原料构成及其重量、规定操作程序、明确装盘规格、指明菜品的质量标准、列明该份菜品的营养成分、相关成本构成等。本书中的菜谱分九大类，共计138道菜，从菜品名称、成品菜重量、主料和辅料及其毛重、调味品、烹饪方式、烹饪过程、菜品特色和营养成分8个方面进行标准化界定；邀请上海食品学会理事长潘迎捷教授组建食品安全与营养指导专家组，针对确定的菜品进行营养成分测算和微量元素核准后，通过20余所高校食堂进行测试炒制，最后定稿收录。

制定标准化菜谱具有规范管理、合理定价、提升品质、确保安全、营养健康的战略性意义，有利于推进教育后勤现代化，落实保供稳价，多措并举完善学校保障性餐饮服务的公益功能；有利于学校集中采购、控制成本，为中央厨房的建设提供条件；有利于标准化食堂的建设，进一步推进学校餐饮数字化转型；有利于根据时代发展趋势，推动学校餐饮创新求变，提升师生校园生活的安全感、获得感、品质感、幸福感。

上海高校后勤改革至今，高校后勤管理体制和运行机制逐步向着适应市场经济体制和高等教育事业发展方向转变，后勤运行创新机制在后勤资源配置中的基础性作用逐步得到发挥。深入推进建设校园餐饮标准化保障体系，将标准化餐饮作为校园公共服务改革的突破口，以现代化为引领、规范化为重点、标准化为抓手、规模化为突破、集约化为方向、精细化为特色、数字化为依托、育人化为根本，齐心协力构建高效后勤发展新格局！

说明：

1.菜品图片仅供参考。

2.调味品及烹饪过程仅供参考。

3.营养成分数据来源：中国食物成分表（2019年版）、美国营养素实验室、澳新食品安全局、法国食品卫生安全局、瑞典食品局、英国食品标准局、日本文部科学省、泰国卫生部。

目录

1 猪、牛、羊肉类

2 混炒类

3 禽类

6 豆制品

9 大众汤类

CHAPTER 1
猪、牛、羊肉类

红烧大排

95 克 / 份

食材用料

主 料

猪大排 · · · · · · · · · · · 85 克

调味品

鸡蛋液、盐、味精、白糖、胡椒粉、葱、姜、生粉、油、八角、料酒、酱油、淀粉

营养成分 (每100克)

能　量 · 989.1～1 004.1千焦*

蛋白质 · · · · · · 16.9～25.2 克

脂　肪 · · · · · · 14.1～18.2 克

碳水化合物 · · · · 0.5～2.0 克

钠 · · · · · · 635.8～639.3 毫克

*1 千焦 =0.239 千卡

烹饪过程

1. 将猪大排斩成重 85 克、厚 0.8 厘米、长 9 厘米左右的大片状，以 500 克猪大排斩 6 片为标准。

2. 用刀背将大排拍松，便于烹调入味。

3. 上浆：鸡蛋液中加入适量水搅拌，大排放入，加入盐、味精、白糖、胡椒粉、姜片、葱结搅拌，再加入生粉拌匀备用。

4. 起锅烧油，待油温升至 160℃左右时放入大排，待大排呈两面金黄色时捞出备用。

5. 另起锅烧油，放入葱、姜、八角炒出香味；放入大排、料酒、酱油、盐、白糖，加入适量水；用大火煮开，撇去浮沫，转小火焖熟；转大火收汁，淋上水淀粉勾芡即可出锅装盘。

菜品特色

色泽金黄红亮，咸鲜略带甜味。

红烧肉

85 克 / 份

 食材用料

主 料

带皮五花肉········· 100 克

调味品

油、葱、姜、料酒、酱油、
白糖

 营养成分 (每100克)

能 量·1 302.6～1 340.6 千焦
蛋白质 ······ 7.5～12.9 克
脂 肪 ······ 27.8～32.1 克
碳水化合物···· 0.4～2.4 克
钠 ······ 551.5～565.5 毫克

🔔 **烹饪过程**

1. 将五花肉切成大小合适的块状，焯水，捞出，冲去浮沫，
   冲冷备用。

2. 起锅烧油，油温升至 6 ～ 7 成热，把肉块下油锅炸至水分
   略干，捞起。葱打结，姜切片，备用。

3. 锅中放少许油，放入姜片炒香；放入炸好的肉块；葱结、
   料酒、酱油、白糖，加入适量水（水刚淹没过肉）；烧开
   后转小火将肉焖酥，最后改大火收汁即可。

⭐ **菜品特色**

色泽红亮，口感香糯，甜中带咸。

红烧肉圆

85 克 / 份

🍚 食材用料

主　料

猪肉末 ·············· 60 克

调味品

鸡蛋液、葱、姜、盐、白糖、
胡椒粉、生粉、油、八角、
桂皮、香叶、干辣椒、料酒、
酱油、味精、淀粉

🌸 营养成分 (每100克)

能　量 · 1 575.9～1 642.7 千焦

蛋白质 ····· 22.6～22.8 克

脂　肪 ····· 31.4～32.9 克

碳水化合物 ··· 1.1～1.4 克

钠 ······· 91.0～94.0 毫克

🔔 烹饪过程

1. 肉馅上浆：在备好的肉末中加入鸡蛋液、葱花、姜末、盐、
白糖、胡椒粉，同一方向搅拌上劲，再分次加入适量水搅拌；
醒半小时后加入生粉，拌匀备用。

2. 起锅烧油至 5 成热，将拌好的肉馅挤成肉圆下入油锅中，
炸至定型。

3. 锅留底油，放入葱段、姜片、八角、桂皮、香叶、干辣椒
炒香，加入料酒、水、酱油、白糖，再下入炸好的肉圆，
大火烧开后小火煨 15 分钟。

4. 将肉圆捞出，拣出葱、姜和香料，大火收汁；待汁收浓后加
入味精，再用适量水淀粉勾芡至汤汁浓厚，浇在肉圆上即可。

⭐ 菜品特色

色泽红亮，鲜香嫩弹，咸中带甜。

糖醋小排

110 克 / 份

🍲 食材用料

主　料

草　排 ·········· 100 克

调味品

油、葱、姜、料酒、醋、白糖、
酱油、盐、淀粉

🌸 营养成分（每100克）

能　量 · 1 026.8～1 125.6 千焦
蛋白质 ······ 24.3～25.4 克
脂　肪 ······ 13.0～16.1 克
碳水化合物·········5.1 克
钠······· 61.2～63.0 毫克

🔔 烹饪过程

1. 将草排焯水，洗净去除血沫。

2. 起锅烧油，将葱、姜炒香，加入适量水、料酒、醋、白糖、
酱油、盐，加入草排；烧开后转小火烧约 30 分钟，改大
火收汁并加入少量醋至汤汁浓稠；水淀粉勾芡，翻炒，出锅。

⭐ 菜品特色

色泽红亮，酸甜鲜香。

炸猪排

110 克 / 份

🍙 食材用料

主 料

猪大排 ·············· 85 克

调味品

盐、胡椒粉、鸡蛋液、生粉、
面包糠、油、葱、辣椒

🏵 营养成分 （每100克）

能　量 ··· 957.9～987.8 千焦

蛋白质 ······ 15.7～22.2 克

脂　肪 ······ 10.5～13.3 克

碳水化合物 ··· 16.0～17.3 克

钠 ······ 228.2～244.3 毫克

🔔 烹饪过程

1. 将切好的猪大排拍打一遍。葱、辣椒切丝，备用。

2. 放入盐、胡椒粉腌制 10 分钟。

3. 准备鸡蛋液、生粉。先将猪大排沾一下生粉，再浸入鸡蛋液中，然后沾上面包糠即可。

4. 起锅烧油至 5 成热，放入猪大排炸至两面金黄色，捞起后改刀，撒上葱丝、辣椒丝即可。

⭐ 菜品特色

色泽金黄，香嫩多汁。

椒盐排条

100 克 / 份

🍲 食材用料

主 料

猪大排 · · · · · · · · · · 100 克

调味品

鸡蛋液、生粉、盐、味精、
泡打粉、油、椒盐、葱、蒜、
麻油、辣椒

🌸 营养成分 (每100克)

能　量 · · · 1 023～1 150 千焦
蛋白质 · · · · · · 25.8～27.3 克
脂　肪 · · · · · · 13.9～18.0 克
碳水化合物 · · · · · · · · 11.8 克
钠 · · · · · · · 50.0～62.0 毫克

🔔 烹饪过程

1. 将猪大排改刀成条状，约为小拇指宽度。

2. 上浆: 将鸡蛋液、生粉、盐、味精、泡打粉、适量水放入碗中，放入切好的排条一起搅拌；醒 30 分钟后，加入凉油封住。

3. 起锅烧油至 5 成热，下入浆好的排条，炸至定型后捞出；然后油温升至 7 成热，放入排条，复炸至金黄。

4. 葱、蒜炒香，加入炸好的排条，放入椒盐翻炒均匀，淋入麻油，撒上辣椒圈即可。

⭐ 菜品特色

色泽金黄，酥脆可口。

茄汁咕咾肉

150 克 / 份

🍱 食材用料

主 料
猪腿肉 ············ 80 克

辅 料
青 椒 ············ 10 克

调味品
鸡蛋液、盐、生粉、油、番茄酱、
青椒、白糖、盐、醋、酱油、淀粉

🌸 营养成分 (每100克)

能 量 ·· 614.5～670.2 千焦
蛋白质 ····· 11.4～11.8 克
脂 肪 ······· 5.9～7.7 克
碳水化合物 ········ 10.7 克
钠 ····· 439.3～441.1 毫克

🔔 烹饪过程

1. 将猪腿肉切成块状，然后用刀背拍松。

2. 将切好的猪腿肉上浆，加入鸡蛋液、盐、生粉，备用。

3. 起锅烧油至 5 成热，将上好浆的猪腿肉团成球状，拍生粉，放入油锅炸定型，8 成熟时捞出。青椒切块、滑油，备用。

4. 将油温升至 7 成热，把猪肉下入锅中炸脆。

5. 锅留底油，放入番茄酱炒至变色；加入适量清水，放入白糖、盐、醋，熬至白糖完全融化，酱油调味，水淀粉勾芡；猪肉、青椒块下锅翻炒即可。

⭐ 菜品特色

色泽鲜亮，外酥里嫩，酸甜味。

土豆烧肉

140 克 / 份

🍚 食材用料

主 料

去皮五花肉·········· 75 克

辅 料

土 豆············· 75 克

调味品

油、葱、姜、料酒、酱油、白糖、
味精

🌸 营养成分 (每100克)

能 量·1 009.5～1 030.4千焦
蛋白质·········· 5.4～8.4 克
脂 肪········· 18.1～20.5 克
碳水化合物··· 14.4～15.5 克
钠········· 58.5～66.0 毫克

🔔 烹饪过程

1. 将去皮五花肉切成麻将块大小，焯水备用；土豆滚刀切成
   块，冲洗干净。

2. 热锅凉油滑锅，放入葱、姜炒香；放入五花肉块煸炒，煸
   炒至表面微微泛黄，加入料酒、酱油、白糖、水，水量没过肉；
   烧开后转小火焖 40 分钟，放入土豆，再烧 10 分钟；改大
   火收汁，出锅前加入味精即可。

⭐ 菜品特色

色泽红亮，口感香糯，甜中带咸。

爆炒牛肉片

110 克 / 份

🍚 食材用料

主 料

牛 肉 · · · · · · · · · · · 30 克

辅 料

京 葱 · · · · · · · · · · · 60 克

调味品

鸡蛋液、盐、白糖、生粉、油、姜、
京葱、辣椒、酱油、胡椒粉、麻油

🌸 营养成分 (每100克)

能 量 · · · 479.3～486.3 千焦
蛋白质 · · · · · 10.0～10.2 克
脂 肪 · · · · · 6.3～6.4 克
碳水化合物 · · · · · · · · 4.3 克
钠 · · · · · · · 24.0～24.3 毫克

🔔 烹饪过程

1. 将牛肉切片；用鸡蛋液、盐、白糖调汁，与牛肉片搅拌后，加入生粉上浆，备用。

2. 京葱切丝，辣椒切段，备用。

3. 热锅凉油滑锅，再加入凉油升温至 3 成热，下入浆好的牛肉片，翻炒至牛肉片熟，捞出备用。

4. 锅留底油，下入蒜、姜、京葱炒香；下入牛肉片，加入酱油、白糖、胡椒粉，快速翻炒；出锅淋入麻油即可。

⭐ 菜品特色

肉质嫩滑，鲜香适口。

洋葱牛肉丝

110 克 / 份

🍲 食材用料

主 料

牛 肉 · · · · · · · · · · · 30 克

辅 料

洋 葱 · · · · · · · · · · · 60 克

调味品

鸡蛋液、盐、白糖、味精、
胡椒粉、生粉、洋葱、辣椒、
油、酱油、麻油

🌸 营养成分 (每100克)

能 量 · · · 523.9～530.9 千焦

蛋白质 · · · · · 10.7～10.9 克

脂 肪 · · · · · · 6.2～6.3 克

碳水化合物 · · · · · · · · 5.1 克

钠 · · · · · · · 33.3～33.7 毫克

🔔 烹饪过程

1. 将牛肉切丝；用鸡蛋液、盐、白糖、味精、胡椒粉调汁，与牛肉丝搅拌后，加入生粉上浆，备用。

2. 洋葱、辣椒切丝，备用。

3. 热锅凉油滑锅，再加入凉油升温至 5 成热；下入浆好的牛肉丝，炒至牛肉丝熟，捞出备用。

4. 锅留底油，下洋葱丝炒香；下入牛肉丝，加入酱油，快速翻炒；出锅淋入麻油即可。

⭐ 菜品特色

口感滑嫩，咸香适口。

杭椒牛柳

110 克 / 份

🍚 食材用料

主　料

牛　肉 ············· 30 克

辅　料

杭椒 ············· 60 克

调味品

鸡蛋液、酱油、盐、白糖、
胡椒粉、生粉、葱、姜、油、
料酒、味精、淀粉、麻油

🌸 营养成分 (每100克)

能　量 ···331.6～345.5千焦

蛋白质 ······ 10.9～11.7 克

脂　肪 ······· 2.4～2.9 克

碳水化合物 ···········1.9 克

钠 ······· 17.3～21.3 毫克

🔔 烹饪过程

1. 将牛肉切成条状，加入鸡蛋液、酱油、盐、白糖、胡椒粉搅拌，加入生粉上浆，备用。

2. 杭椒切段，备用；准备葱段、姜片。

3. 热锅凉油滑锅，油温4成热时下入牛柳，滑油至7成熟时，放入杭椒一起过油，至牛肉和杭椒全熟后捞出备用。

4. 锅留底油，放入葱段、姜片炒香；加入牛肉条、杭椒、料酒、少量水、酱油、白糖、味精翻炒；水淀粉勾芡，出锅前淋入麻油。

⭐ 菜品特色

色泽红亮，香嫩可口。

土豆烧牛肉

130 克 / 份

🍚 食材用料

主 料

牛 腩 ·············· 50 克

辅 料

土 豆 ·············· 75 克

调味品

油、葱、姜、料酒、酱油、白糖、
盐、味精

🌼 营养成分 (每100克)

能 量 ···685.5～784.2千焦

蛋白质 ···· 12.9～14.6 克

脂 肪 ······· 7.1～9.0 克

碳水化合物 ·········17.3 克

钠 ······· 68.4～69.2 毫克

🔔 烹饪过程

1. 将牛腩切成大小合适的块状，土豆切方块状，葱、姜切片，
   备用。

2. 牛腩焯水，去除血沫，捞出备用。

3. 热锅凉油滑锅，放入葱片、姜片炒香；放入牛腩煸炒，加
   入料酒、酱油、白糖、盐和水，水的量没过肉；烧开后转
   小火焖 50 分钟，放入土豆；再烧 10 分钟后，改大火收汁，
   出锅前放入味精即可。

⭐ 菜品特色

色泽红亮，口感香糯，甜中带咸。

烤羊排

65 克 / 份

🍲 食材用料

主料

羊　排 ············ 100 克

调味品

花椒、草果、孜然粉、小茴香、葱、姜、盐、味精、胡椒粉、洋葱、京葱、辣椒、酱料、辣椒粉、椒盐、熟芝麻

🌸 营养成分 (每100克)

能　量 ·· 813.7～872.9 千焦
蛋白质 ······ 26.5～29.7 克
脂　肪 ······· 7.9～11.0 克
碳水化合物 ···········1.8 克
钠 ······· 54.0～70.0 毫克

🔔 烹饪过程

1. 将羊排清洗干净，沥干水后备用。洋葱、辣椒切丝，京葱切段，备用。

2. 花椒、草果、孜然粉、小茴香、葱、姜、盐、味精、胡椒粉拌匀，涂抹在羊排上，腌制 3～5 小时。

3. 烤盘用洋葱、京葱垫底，摆好腌制好的羊排，中低温烤 9 成熟，刷上酱料再烤 10 分钟，取出。

4. 烤好的羊排撒上孜然粉、辣椒粉、椒盐、辣椒丝、熟芝麻即可。

⭐ 菜品特色

色泽金黄，外焦里嫩。

爆炒羊肉片

110 克 / 份

🍚 食材用料

主 料

羊 肉 ⋯⋯⋯⋯⋯ 50 克

辅 料

胡萝卜、洋葱、京葱 ⋯ 60 克

调味品

鸡蛋液、盐、白糖、生粉、辣椒、
油、酱油、孜然粉、胡椒粉、
麻油

🌸 营养成分（每100克）

能 量 ⋯342.0～421.8千焦

蛋白质 ⋯⋯⋯ 6.2～9.1 克

脂 肪 ⋯⋯⋯ 2.7～4.4 克

碳水化合物 ⋯⋯ 5.5～7.5 克

钠 ⋯⋯⋯⋯ 70.8～98.1 毫克

🔔 烹饪过程

1. 将羊肉切片；用鸡蛋液、盐、白糖调汁，与羊肉片搅拌后，加入生粉上浆，备用。

2. 胡萝卜切片，辣椒、洋葱切丝，京葱切段，备用。

3. 热锅凉油滑锅，待油温 3 成热，下入浆好的羊肉片，爆炒至羊肉片熟，捞出备用。

4. 锅留底油，下辅料炒香；下入羊肉片，加入酱油、白糖、孜然粉、胡椒粉；快速翻炒，出锅前淋入麻油即可。

⭐ 菜品特色

色泽微红，口感香嫩。

CHAPTER 2
混炒类

回锅肉片

140 克 / 份

🍚 食材用料

主　料

五花肉 ·············· 50 克

辅　料

卷心菜、青蒜 ······· 100 克

调味品

葱、姜、料酒、油、豆瓣酱、
白糖、酱油、味精

🌸 营养成分 (每100克)

能　量 ···550.4～564.3 千焦
蛋白质 ······· 3.9～5.9 克
脂　肪 ····· 10.4～12.0 克
碳水化合物 ···· 3.3～4.0 克
钠 ········ 24.4～29.4 毫克

🔔 烹饪过程

1. 适量水中加入葱、姜、料酒，将五花肉放入水中，煮至断生，捞出备用。

2. 卷心菜、青蒜切片，备用。

3. 煮好的五花肉切片，备用。

4. 热锅凉油滑锅，放入五花肉片，小中火煸炒至五花肉片出油；再放入卷心菜、青蒜煸炒至 7 成熟，加入豆瓣酱炒出红油；加入白糖、酱油、味精调味，翻炒均匀即可。

⭐ 菜品特色

色泽红亮，肥而不腻。

胡萝卜炒肉丝

130 克 / 份

🍚 食材用料

主 料

胡萝卜 ·············· 100 克

辅 料

猪腿肉 ············· 30 克

调味品

鸡蛋液、盐、味精、生粉、姜、
白糖

🌸 营养成分（每100克）

能　量 ···· 83.5～107.5 千焦
蛋白质 ······· 3.9～6.8 克
脂　肪 ······· 3.2～7.1 克
碳水化合物 ···· 4.6～5.1 克
钠 ········· 48.9～49.6 毫克

🔔 烹饪过程

1. 猪腿肉切丝，加入鸡蛋液、盐、味精、生粉，上浆备用。

2. 胡萝卜切丝，姜切片，备用。

3. 锅中烧油，浆好的肉丝滑油待用；锅中留少许油，下入姜片煸炒，再放入胡萝卜、肉丝；加入盐、白糖、味精调味，翻炒均匀，出锅。

⭐ 菜品特色

色泽鲜艳，口感脆嫩。

莴笋炒肉丝

130 克 / 份

🍚 食材用料

主 料

莴 笋 · · · · · · · · · · · 200 克

辅 料

猪腿肉 · · · · · · · · · · · 30 克

调味品

鸡蛋液、盐、辣椒、味精、生粉、
油、白糖、麻油

🌸 营养成分 （每100克）

能 量 · · · 182.6～239.4 千焦

蛋白质 · · · · · · · 2.6～4.3 克

脂 肪 · · · · · · · 1.9～4.1 克

碳水化合物 · · · · 2.4～2.7 克

钠 · · · · · · 38.1～38.5 毫克

🔔 烹饪过程

1. 猪腿肉切丝，加入鸡蛋液、盐、味精、生粉，上浆备用。

2. 莴笋切丝，加入盐，腌制10分钟，至出水；挤干水分，备用。

3. 辣椒切丝，备用。

4. 热锅凉油滑锅，下入肉丝煸炒至熟；下入莴笋丝，煸炒；
出锅前加入味精、白糖调味，翻炒均匀，淋入麻油即可。

⭐ 菜品特色

色泽鲜艳，口感脆嫩。

蒜苗炒肉丝

130 克 / 份

🍚 食材用料

主 料

蒜 苗 ·············· 100 克

辅 料

猪腿肉 ············· 30 克

调味品

鸡蛋液、盐、味精、生粉、葱、
姜、辣椒、油、酱油、白糖、
味精

💮 营养成分 (每100克)

能 量 ··· 355.3～455.6 千焦
蛋白质 ·········· 4.8～7.7 克
脂 肪 ········· 3.5～7.4 克
碳水化合物 ···· 6.2～6.7 克
钠 ········· 15.9～16.5 毫克

🔔 烹饪过程

1. 猪腿肉切丝，加入鸡蛋液、盐、味精、生粉，上浆备用。

2. 蒜苗切段备用，准备姜丝、葱段、辣椒丝。

3. 起锅烧油至 4 成热，将蒜苗过油至熟，备用。

4. 热锅凉油滑锅，加入肉丝煸炒至变白；加入蒜苗、酱油、
   白糖、味精煸炒熟即可。

⭐ 菜品特色

色泽微红，口感香嫩。

青椒炒肉丝

130 克 / 份

🍚 食材用料

主 料
青　椒 ·········· 100 克

辅 料
猪腿肉 ············ 30 克

调味品
鸡蛋液、盐、味精、生粉、葱、
姜、油、白糖、胡椒粉、麻油

🌸 营养成分 (每100克)

能　量 ··· 313.5～413.8 千焦
蛋白质 ········ 4.2～7.1 克
脂　肪 ········ 3.4～7.3 克
碳水化合物 ····· 4.5～5.0 克
钠 ········ 13.5～14.2 毫克

🛎 烹饪过程

1. 猪腿肉切丝，加入鸡蛋液、盐、味精、生粉，上浆备用。

2. 青椒切丝备用，准备姜丝、葱段。

3. 热锅凉油滑锅，至油温3成热时下入肉丝，滑油，待肉丝变白；下入青椒丝至变色，捞出备用。

4. 锅留底油，下入葱段、姜丝煸炒出香味，放入青椒丝、肉丝，加入盐、味精、白糖、胡椒粉调味，翻炒均匀，出锅前淋入麻油即可。

⭐ 菜品特色

色泽鲜艳，口感清香。

榨菜炒肉丝

130 克 / 份

混炒类

🍙 食材用料

主 料

榨 菜 ·········· 100 克

辅 料

猪腿肉 ·········· 30 克

调味品

鸡蛋液、盐、味精、生粉、葱、姜、油、白糖、胡椒粉、酱油、麻油

🌸 营养成分 (每100克)

能 量 ··· 332.8～433.1 千焦
蛋白质 ······· 4.8～7.7 克
脂 肪 ······· 3.4～7.3 克
碳水化合物 ···· 5.0～5.5 克
钠 ······· 12.0～13.0 毫克

🔔 烹饪过程

1. 猪腿肉切丝，加入鸡蛋液、盐、味精、生粉，上浆备用。

2. 榨菜切丝，用清水浸泡，去掉些咸味；准备葱段、姜丝。

3. 热锅凉油滑锅，放入肉丝煸炒，至变色；加入葱段、姜丝炒香，放入榨菜丝，加入盐、味精、白糖、胡椒粉、酱油调味，翻炒均匀，出锅前淋入麻油即可。

⭐ 菜品特色

口感清脆，咸鲜下饭。

洋葱炒肉丝

130 克 / 份

🍚 食材用料

主 料
洋 葱 ·········· 100 克

辅 料
猪腿肉 ·········· 30 克

调味品
料酒、鸡蛋液、盐、味精、生粉、
油、酱油

🌸 营养成分 (每100克)

能　量 ···387.5～487.8 千焦
蛋白质 ······· 5.2～8.1 克
脂　肪 ······· 3.2～7.2 克
碳水化合物 ···· 5.9～6.4 克
钠 ········ 28.9～29.6 毫克

🔔 烹饪过程

1. 猪腿肉切丝,加入料酒、鸡蛋液、盐、味精、生粉,上浆备用。

2. 洋葱切丝备用。

3. 热锅凉油滑锅,至油温3成热时下入肉丝,滑油,待肉丝炒熟,捞出备用。

4. 锅留底油,煸炒洋葱,炒出香味,加入肉丝;加入盐、酱油、味精调味,翻炒均匀即可出锅。

⭐ 菜品特色

色泽微红,口感香甜,咸中带甜。

鱼香肉丝

130 克 / 份

🍚 食材用料

主 料

猪腿肉 · · · · · · · · · · · 30 克

辅 料

土 豆 · · · · · · · · · · · 100 克

调味品

盐、味精、料酒、生粉、鸡蛋液、葱、姜、蒜、油、辣味豆瓣酱、白糖、酱油、淀粉、醋

🌸 营养成分 (每100克)

能 量 · · · 435.7～537.3 千焦

蛋白质 · · · · · · 5.6～8.5 克

脂 肪 · · · · · 3.2～7.1 克

碳水化合物 · · · 10.9～11.4 克

钠 · · · · · · · 13.5～14.2 毫克

🔔 烹饪过程

1. 猪腿肉切丝，加入盐、味精、料酒、生粉、鸡蛋液，上浆备用。

2. 土豆切丝，准备蒜末、姜末、葱花。

3. 热锅凉油滑锅，油温至 4 成热时，下入浆好的肉丝；待肉丝变白，加入土豆丝，一起滑油，至熟，捞出备用。

4. 锅留底油，加入蒜末、姜末、葱花炒香；再加入辣味豆瓣酱一起炒香，喷入料酒，加入适量水、白糖和酱油；加入肉丝和土豆丝一起翻炒，醋加淀粉勾芡，芡汁要包裹住肉丝和土豆丝，翻炒均匀即可出锅。

⭐ 菜品特色

色泽酱红，口感酸甜咸辣。

韭菜干丝肉丝

150 克 / 份

🍲 食材用料

主 料

韭 菜 ・・・・・・・・・・・ 100 克

辅 料

厚百叶 ・・・・・・・・・・ 25 克

猪腿肉 ・・・・・・・・・・ 25 克

调味品

鸡蛋液、盐、味精、生粉、葱、
姜、油、白糖、酱油、麻油

🌸 营养成分 (每100克)

能　量 ・・・427.1～499.5千焦

蛋白质 ・・・・・8.0～10.0 克

脂　肪 ・・・・・5.2～8.0 克

碳水化合物 ・・・・4.0～4.4 克

钠 ・・・・・・・17.5～18.0 毫克

🔔 烹饪过程

1. 猪腿肉切丝，加入鸡蛋液、盐、味精、生粉，上浆备用。

2. 韭菜切段，厚百叶切丝，准备葱段、姜丝。

3. 锅烧水，把干丝冷水下锅，煮至干丝松软，捞出备用。

4. 热锅凉油滑锅，把肉丝煸炒至变色，下入葱段、姜丝炒香，加入干丝；盐、味精、白糖、酱油调味，大火翻炒均匀，出锅前加入韭菜、麻油，翻炒均匀即可。

⭐ 菜品特色

色泽鲜艳，口感丰富。

豇豆炒肉丝

130 克 / 份

🌿 食材用料

主 料

豇 豆 ············ 100 克

辅 料

猪腿肉 ············ 30 克

调味品

鸡蛋液、盐、味精、生粉、油、
白糖、麻油、辣椒

🌸 营养成分 (每100克)

能　量 ···600.5~700.9 千焦
蛋白质 ······ 9.1~12.0 克
脂　肪 ······· 3.6~7.5 克
碳水化合物··· 16.0~16.5 克
钠 ······ 196.6~197.3 毫克

🔔 烹饪过程

1. 猪腿肉切丝，加入鸡蛋液、盐、味精、生粉，上浆备用。

2. 豇豆切段，辣椒切丝，备用。

3. 锅加水烧开，加少许盐，下入豇豆焯水 4 ~ 5 分钟，捞出放在冷水里降温，捞出沥水待用。

4. 热锅凉油滑锅，下入肉丝煸炒至变白，下入豇豆、辣椒丝；加入盐、味精、白糖调味，翻炒均匀，淋入麻油即可。

⭐ 菜品特色

色泽碧绿，口感软糯。

辣味炒酱

130 克 / 份

🍚 食材用料

主 料

土 豆 ·············· 90 克

猪腿肉 ············· 15 克

辅 料

豆腐干、花生米 ······ 25 克

调味品

鸡蛋液、盐、味精、生粉、姜、蒜、油、辣椒酱、甜面酱、酱油、料酒、白糖、淀粉、辣油、麻油

🌸 营养成分 (每100克)

能　量 ···545.0～658.4 千焦

蛋白质 ········ 7.3～8.8 克

脂　肪 ········ 7.7～9.7 克

碳水化合物 ··· 15.6～15.8 克

钠 ·········· 31.1～31.5 毫克

🔔 烹饪过程

1. 猪腿肉切丁，加入鸡蛋液、盐、味精、生粉，上浆备用。

2. 土豆切丁，豆腐干切丁，姜末、蒜泥备用。

3. 花生米凉油入锅，炸熟备用。

4. 热锅凉油滑锅，油温至 5 成热时下入土豆丁，炸至土豆丁表面变黄，再下入肉丁和豆腐干丁过油，待肉丁炒熟后，捞出备用。

5. 锅留底油，将蒜泥、姜末炒香，加入辣椒酱、甜面酱、酱油、料酒、适量水、白糖、味精调味；下入过好油的土豆丁、肉丁、豆腐干，一起烧至豆腐干丁松软，水淀粉勾芡，芡汁需包裹住食材，然后淋入辣油、麻油，出锅前撒上花生米。

⭐ 菜品特色

色泽酱红，口感咸甜带辣。

百叶包肉

60 克 / 份

 食材用料

主　料

薄百叶 ·············· 半张

辅　料

二八肉糜 ·········· 30 克

调味品

鸡蛋液、盐、葱、姜、生粉

 营养成分 （每100克）

能　量 · 1 335.5～1 369.0 千焦
蛋白质 ····· 23.6～23.7 克
脂　肪 ···· 23.7～24.5 克
碳水化合物 ···· 3.3～3.5 克
钠 ······· 56.0～57.5 毫克

 烹饪过程

1. 在肉糜中加入鸡蛋液、盐、葱花、姜末、适量水和生粉，上浆至有劲道。

2. 薄百叶对角切开备用。

3. 切好的百叶摊开，均匀地抹上肉馅，从大头往小头包，包好备用。

4. 百叶包放入器皿中蒸熟即可。

⭐ **菜品特色**

口感软嫩，鲜嫩多汁。

肉末粉丝

170 克 / 份

🍚 食材用料

主 料

浸泡粉丝 · · · · · · · · · 135 克

辅 料

猪腿肉末 · · · · · · · · · · 15 克

调味品

葱、姜、蒜、油、豆瓣酱、料酒、
酱油、盐、味精

🌸 营养成分（每100克）

能　量 · 1 343.0～1 388.2 千焦
蛋白质 · · · · · · · · 3.4～4.0 克
脂　肪 · · · · · · · 0.5～0.6 克
碳水化合物 · · · 75.3～77.0 克
钠 · · · · · · · · 13.1～14.0 毫克

🔔 烹饪过程

1. 准备葱花、姜末、蒜泥、猪腿肉末，将浸泡粉丝剪短备用。

2. 起锅加油，下入肉末炒香；下入蒜泥、姜末炒香，加入少量豆瓣酱，加入料酒、适量水，再加入酱油、盐、味精调味，放入粉丝一起烧至粉丝变软，撒上葱花即可。

⭐ 菜品特色

色泽暗红，鲜辣香滑。

油面筋塞肉

40 克 / 份

🍲 食材用料

主 料

油面筋 · · · · · · · · · · · · · 1 个

辅 料

二八肉糜 · · · · · · · · · · 25 克

调味品

鸡蛋液、盐、葱、姜、生粉、
油、八角、桂皮、香叶、料酒、
酱油、白糖、胡椒粉、味精、
淀粉、麻油

🌸 营养成分 (每100克)

能 量 · 1 757.7～1 799.5千焦
蛋白质 · · · · · 24.2～24.3 克
脂 肪 · · · · · 29.0～30.0 克
碳水化合物 · · · 15.8～16.0 克
钠 · · · · · · · 68.1～70.0 毫克

🛎 烹饪过程

1. 在肉糜中加入鸡蛋液、盐、葱花、姜末、适量水、生粉，
   上浆至有劲道。

2. 将油面筋用手指挖一个洞，把里面掏空，塞进肉糜，备用。

3. 起锅烧油至 5 成热，把塞过肉糜的油面筋炸一下，至肉糜
   表面结住，备用。

4. 锅留底油加入葱、姜、八角、桂皮、香叶炒香；加入料酒，
   适量水，再加入酱油、白糖、胡椒粉调味；放入油面筋，
   用中火烧 15 分钟，待汤汁收浓后加入味精；适量水淀粉
   勾芡，淋入麻油，撒上葱花即可。

⭐ 菜品特色

色泽红亮，鲜嫩多汁，咸中带甜。

黄瓜炒肉片

130 克 / 份

🍚 食材用料

主 料

黄　瓜 ·········· 100 克

辅 料

猪腿肉 ··········· 30 克

调味品

鸡蛋液、盐、味精、生粉、油、
白糖、麻油

🌼 营养成分 (每100克)

能　量 ··· 274.9～375.2 千焦

蛋白质 ········ 3.8～6.6 克

脂　肪 ········ 3.3～7.2 克

碳水化合物 ···· 1.9～2.4 克

钠 ········· 15.8～16.5 毫克

🔔 烹饪过程

1. 猪腿肉切片状，加入鸡蛋液、盐、味精、生粉，上浆备用。

2. 黄瓜切片，加入盐，腌制 10 分钟，至出水；挤干水分，备用。

3. 热锅凉油滑锅，下入肉片煸炒至 9 成熟；下入黄瓜，煸炒；出锅前加入味精、白糖，淋入麻油即可。

⭐ 菜品特色

色泽碧绿，口感滑嫩。

西蓝花炒肉片

130 克 / 份

🍚 食材用料

主 料
西蓝花 · · · · · · · · · · · 100 克

辅 料
猪腿肉 · · · · · · · · · · · 30 克

调味品
盐、味精、生粉、油、白糖、
淀粉、麻油

🌸 营养成分 (每100克)

能　量 · · · 319.9～420.3千焦
蛋白质 · · · · · · · 4.8～7.6 克
脂　肪 · · · · · · · 3.6～7.5 克
碳水化合物 · · · · 2.2～2.7 克
钠 · · · · · · · 52.5～52.8 毫克

🔔 烹饪过程

1. 猪腿肉切片，加入盐、味精、生粉，上浆备用。

2. 西蓝花切成均匀朵状，备用。

3. 锅烧水，水开后放入西蓝花煮1分钟，捞出，冷水冲凉备用。

4. 热锅凉油滑锅，加入浆好的肉片煸炒，待肉片变白后，加入西蓝花；加入盐、白糖、味精调味，翻炒均匀，用适当水淀粉勾芡，淋入麻油即可出锅。

⭐ 菜品特色

色泽碧绿，口感鲜脆。

平菇炒肉片

130 克 / 份

🍚 食材用料

主　料
平　菇 ·········· 110 克

辅　料
猪腿肉 ·········· 30 克

调味品
鸡蛋液、盐、味精、生粉、
葱、姜、蒜、油、料酒、酱油、
白糖、麻油

🌼 营养成分 (每100克)

能　量 ··· 289.3～382.5 千焦
蛋白质 ········ 4.4～7.1 克
脂　肪 ········ 3.2～6.8 克
碳水化合物 ···· 3.6～4.1 克
钠 ········ 14.3～14.9 毫克

🔔 烹饪过程

1. 猪腿肉切片，加入鸡蛋液、盐、味精、生粉，上浆备用。

2. 准备葱段、姜片、蒜片。

3. 将平菇掰成大小合适的块状，备用。

4. 起锅烧油，油温至 4 成热，下入平菇过油；待平菇收缩后，下入肉片，至炒熟，捞出控油，备用。

5. 锅留底油，下入葱段、姜片、蒜片炒香，喷入料酒，放入平菇、肉片；加入酱油、白糖、味精调味，翻炒均匀，淋入麻油即可。

⭐ 菜品特色

口感滑嫩，香而不腻。

花菜炒肉片

130 克 / 份

🍲 食材用料

主 料

花 菜 · · · · · · · · · · · 100 克

辅 料

猪腿肉 · · · · · · · · · · · 30 克

调味品

鸡蛋液、盐、味精、生粉、辣椒、
葱、油、白糖、淀粉、麻油

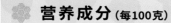

🌸 营养成分 （每100克）

能　量 · · · 313.5～413.8 千焦

蛋白质 · · · · · · · · 4.9～7.8 克

脂　肪 · · · · · · · · 3.5～7.4 克

碳水化合物 · · · · 1.6～2.1 克

钠 · · · · · · · 38.2～38.8 毫克

🛎 烹饪过程

1. 猪腿肉切片，加入鸡蛋液、盐、味精、生粉，上浆备用。

2. 花菜切成大小合适的块状，辣椒切块，准备葱花。

3. 起锅烧水，将花菜焯水至 7 成熟，备用。

4. 热锅凉油滑锅，将肉片煸炒至变白；加入花菜、辣椒块，加少许水；盐、白糖、味精调味，加入葱花，翻炒均匀，少许水淀粉勾芡，淋入麻油即可。

⭐ 菜品特色

色泽清爽，口感鲜脆。

西葫芦炒肉片

130 克 / 份

🍚 食材用料

主 料

西葫芦 · · · · · · · · · · · 100 克

辅 料

猪腿肉 · · · · · · · · · · · 30 克

调味品

料酒、鸡蛋液、盐、味精、生粉、
葱、油、白糖

🌼 营养成分 (每100克)

能　量 · · · 268.5~368.8 千焦
蛋白质 · · · · · · · 3.6~6.5 克
脂　肪 · · · · · · · 3.2~7.1 克
碳水化合物 · · · · 2.4~2.9 克
钠 · · · · · 195.1~195.8 毫克

🔔 烹饪过程

1. 猪腿肉切片，加入料酒、鸡蛋液、盐、味精、生粉，上浆备用。

2. 西葫芦切片，葱切段，备用。

3. 锅中倒油，浆好的肉片滑油，捞起待用；锅中留少量油，下入葱段、西葫芦翻炒，倒入肉片；加入盐、味精、白糖调味，翻炒至西葫芦断生即可出锅。

⭐ 菜品特色

肉片滑嫩，口感鲜脆。

莴笋炒肉片

130 克 / 份

🍚 食材用料

主 料

莴　笋 · · · · · · · · · · · 200 克

辅 料

猪腿肉 · · · · · · · · · · · 30 克

调味品

鸡蛋液、盐、味精、生粉、辣椒、
油、白糖、麻油

🌸 营养成分 (每100克)

能　量 · · · 171.1～228.4千焦

蛋白质 · · · · · · · 2.6～4.3 克

脂　肪 · · · · · · · 2.0～4.2 克

碳水化合物 · · · · 2.5～2.8 克

钠 · · · · · · · 38.1～38.5 毫克

🔔 烹饪过程

1. 猪腿肉切片，加入鸡蛋液、盐、味精、生粉，上浆备用。

2. 莴笋切片，加盐腌出水分，挤干备用。辣椒切片。

3. 热锅凉油滑锅，下入肉片炒至变白；下入莴笋片、辣椒片，
加入盐、味精、白糖，翻炒均匀，淋入麻油即可。

⭐ 菜品特色

色泽碧绿，口感脆嫩。

芹菜炒肉片

130 克 / 份

🍚 食材用料

主　料
芹　菜 ·········· 130 克

辅　料
猪腿肉 ·········· 30 克

调味品
鸡蛋液、盐、味精、生粉、辣椒、
油、白糖、麻油

☀ 营养成分 (每100克)

能　量 ··· 245.3～326.8 千焦
蛋白质 ········ 3.2～5.5 克
脂　肪 ········ 2.7～5.9 克
碳水化合物 ···· 3.3～3.7 克
钠 ········· 83.7～84.3 毫克

🔔 烹饪过程

1. 猪腿肉切片，加入鸡蛋液、盐、味精、生粉，上浆备用。

2. 芹菜去叶，切段备用。辣椒切片。

3. 起锅烧水，下入芹菜，焯水至芹菜 8 成熟，捞出备用。

4. 热锅凉油滑锅，下入肉丝煸炒至变白，下入芹菜、辣椒片；
加入盐、味精、白糖调味，翻炒均匀，淋入麻油即可。

⭐ 菜品特色

色泽碧绿，嫩脆鲜香。

CHAPTER 3 禽类

红烧鸡腿

110 克 / 份

🍚 食材用料

主　料

鸡琵琶腿 ·········· 125 克

调味品

油、葱、姜、蒜、料酒、白糖、
酱油、味精、胡椒粉、麻油、
淀粉

🌸 营养成分 (每100克)

能　量 ··· 766.5～801.3 千焦
蛋白质 ····· 23.5～23.8 克
脂　肪 ······· 9.1～9.8 克
碳水化合物 ········· 0.3 克
钠 ····· 491.7～492.6 毫克

🍲 烹饪过程

1. 鸡腿焯水，去除血沫，备用；准备葱、姜、蒜。

2. 起锅烧油至 5 成热，将鸡腿过油，备用。

3. 锅留底油，将葱、姜、蒜炒香，喷入料酒，加入适量水；加入酱油、白糖、胡椒粉调味，下入鸡腿，中小火烧 30 分钟，待汤汁收浓后加入味精，水淀粉勾芡，淋入麻油即可。

⭐ 菜品特色

色泽红亮，酱香味浓。

油炸鸡中翅

40 克 / 份

🍚 食材用料

主 料

鸡中翅 · · · · · · · · · · · 55 克

调味品

油、姜、蒜、豆瓣酱、生粉、
味精、胡椒粉、麻油、鸡蛋液

🍚 营养成分 (每100克)

能　量 · 1 254.0～1 354.3 千焦
蛋白质 · · · · · 18.3～19.9 克
脂　肪 · · · · · 21.8～24.4 克
碳水化合物 · · · · 2.2～10.9 克
钠 · · · · · 320.0～353.0 毫克

🔔 烹饪过程

1. 将鸡中翅加入蒜末、姜末、豆瓣酱、鸡蛋液、胡椒粉、味精，腌制半小时以上；再加入生粉拌匀，淋入麻油，备用。

2. 起锅烧油至 5 成热，下入浆好的鸡中翅，改小火炸至鸡中翅熟，捞出；再把油温升高至 6 成热，复炸上色定型。

禽类

⭐ 菜品特色

色泽金红，外焦里嫩。

奥尔良烤翅

40 克 / 份

🍲 食材用料

主 料

鸡中翅 ············· 55 克

调味品

油、盐、味精、蚝油、辣椒粉、
酱油、黑胡椒粒、蒜、洋葱、
蜂蜜、白芝麻、奥尔良粉

🌸 营养成分 (每100克)

能 量 ···835.3～923.4 千焦
蛋白质 ····· 22.9～28.1 克
脂 肪 ····· 7.5～13.0 克
碳水化合物 ········· 3.1 克
钠 ······ 160.8～167.5 毫克

🔔 烹饪过程

1. 将盐、味精、蚝油、辣椒粉、酱油、黑胡椒粒、蒜片、洋葱粒、奥尔良粉混合，加入适量水，搅拌均匀，备用。

2. 将鸡中翅均匀地划两刀，浸入备好的料汁中腌制 8 小时以上。

3. 将鸡翅放入烤盘，放入预热至 220℃ 的烤箱中烤 10 分钟；刷一层蜂蜜，鸡翅翻面再烤 5 分钟，撒上白芝麻即可。

⭐ 菜品特色

色泽红亮，甜辣鲜香。

炸鸡柳

120 克 / 份

🍲 食材用料

主　料

鸡胸肉 · · · · · · · · · · · 120 克

调味品

油、面包糠、盐、味精、椒
盐、生粉、鸡蛋液、洋葱、
青红椒

🌼 营养成分（每100克）

能　量 · · ·855.9～960.1千焦
蛋白质 · · · · · · 29.2～31.2克
脂　肪 · · · · · · 5.4～8.7克
碳水化合物 · · · · 5.5～6.7克
钠 · · · · · · 127.1～136.3毫克

🔔 烹饪过程

1. 鸡胸肉切成条状，洗净，沥水备用。

2. 将鸡柳加入鸡蛋液、盐、味精、生粉，上浆备用。

3. 洋葱切末，青、红椒切末，鸡柳裹上面包糠，备用。

4. 起锅烧油至 5 成热，下入鸡柳，炸至金黄，捞出备用。

5. 锅留底油，下入洋葱末、青红椒末炒香，下入鸡柳，撒入
   椒盐翻匀即可。

⭐ 菜品特色

色泽金黄，外焦里嫩。

宫保鸡丁

130 克 / 份

🍚 食材用料

主料

鸡胸肉 · · · · · · · · · · · 90 克

辅料

土豆、花生米 · · · · · · · 25 克

调味品

油、鸡蛋液、盐、味精、生粉、干辣椒、京葱、姜、蒜、豆瓣酱、料酒、酱油、白糖、淀粉、醋

🌸 营养成分 (每100克)

能　量 · 1 286.1～1 384.2 千焦

蛋白质 · · · · · 14.2～15.1 克

脂　肪 · · · · · 20.5～22.0 克

碳水化合物 · · · 18.1～19.7 克

钠 · · · · · 375.8～380.5 毫克

🛎 烹饪过程

1. 将鸡胸肉切成花生米大小的丁，加入鸡蛋液、盐、味精、生粉，上浆备用。

2. 干辣椒、京葱切小段，姜、蒜切末，土豆切丁；将花生米、土豆丁分别下油锅炸熟，备用。

3. 起锅倒油，加温至 3 成热，下入鸡丁滑油至 8 成熟，备用。

4. 锅留少许油，下入干辣椒爆香，下入葱丁、姜末、蒜泥、京葱段、豆瓣酱炒香；喷入料酒，加入适量水；加入酱油、白糖、盐、味精调味；加入鸡丁、土豆丁，翻炒鸡丁至熟，加入水淀粉勾芡，加入花生米，淋上醋即可。

⭐ 菜品特色

色泽微红，酸甜咸辣。

辣子鸡块

140 克 / 份

🍲 食材用料

主　料
西装鸡 ·············· 120 克
辅　料
土　豆 ·············· 20 克
调味品
油、蒜、姜、辣椒酱、鸡蛋液、
生粉、味精、花椒、干辣椒、
椒盐、麻油

🍱 营养成分 (每100克)

能　量 · 1 234.9～1 270.8 千焦
蛋白质 ······ 11.2～11.4 克
脂　肪 ······ 19.0～20.2 克
碳水化合物 ··· 19.2～19.5 克
钠 ······ 732.2～788.7 毫克

🔔 烹饪过程

1. 将鸡肉斩块，洗净，沥干水分，备用。

2. 准备蒜、姜末；用辣椒酱、鸡蛋液、味精一起腌制鸡块 1～2 小时；加入生粉，备用。

3. 土豆炸熟备用。

4. 起锅烧油至 5 成热，下入浆好的鸡块，炸至 7 成熟捞出；把油温升至 8 成热，再下入鸡块复炸至表面香脆。

5. 锅留底油，下入干辣椒、蒜末、花椒粒炒香；下入鸡块，撒入椒盐粉，淋入麻油即可。

⭐ 菜品特色

麻辣鲜香，外焦里嫩。

香酥鸭腿

140 克 / 份

🍚 食材用料

主 料

鸭　腿 · · · · · · · · · · · 150 克

调味品

油、盐、花椒、味精、葱、姜、
料酒、八角、桂皮、香叶

🌸 营养成分（每100克）

能　量 · · · 748.1～768.3 千焦

蛋白质 · · · · · · 25.0～28.6 克

脂　肪 · · · · · · · · 5.9～7.8 克

碳水化合物 · · · · · · · · · 2.1 克

钠 · · · · · 110.0～126.5 毫克

🔔 烹饪过程

1. 将盐先炒热，加入花椒拌匀，让盐的余温把花椒爆香；放凉后拌入味精，备用。

2. 将洗净的鸭腿，均匀地涂抹上花椒盐；加入葱、姜、料酒腌制 4 ～ 8 小时，备用。

3. 起锅烧水，加入葱、姜、八角、桂皮、香叶、盐、味精、料酒调味，下入鸭腿煮开后焖 25 分钟，捞出备用。

4. 起锅烧油至 7 成热，下入鸭腿，炸至表面酥脆。

⭐ 菜品特色

外酥里嫩，香味浓郁。

红烧鸭腿

160 克 / 份

 食材用料

主　料

鸭　腿 ·········· 180 克

调味品

油、葱、姜、蒜、料酒、白糖、
酱油、味精、胡椒粉、麻油、
淀粉

 营养成分 (每100克)

能　量 ··· 693.4～713.2 千焦
蛋白质 ······ 24.3～27.8 克
脂　肪 ······· 5.7～7.5 克
碳水化合物 ········· 0.2 克
钠 ····· 386.2～402.3 毫克

🔔 **烹饪过程**

1. 鸭腿焯水，去除血沫，备用；准备葱、姜、蒜。

2. 起锅烧油至 5 成热，将鸭腿过油，备用。

3. 锅留底油，将葱、姜、蒜炒香，放入料酒，加入适量水；
加入酱油、白糖、胡椒粉调味，下入鸭腿，中小火烧 45 分钟，
待汤汁收浓后加入味精，水淀粉勾芡，淋入麻油即可。

⭐ **菜品特色**

色泽红亮，咸香带甜。

CHAPTER 4

蛋品类

番茄炒蛋

130 克 / 份

🍚 食材用料

主 料

番 茄 ············· 70 克

辅 料

鸡 蛋 ············· 60 克

调味品

盐、胡椒粉、油、白糖、味精、
淀粉、葱

☀ 营养成分（每100克）

能 量 ··· 413.8～437.0 千焦
蛋白质 ······· 6.0～7.7 克
脂 肪 ······· 7.4～7.5 克
碳水化合物 ···· 2.0～2.1 克
钠 ······ 62.6～78.2 毫克

🛎 烹饪过程

1. 番茄切块；鸡蛋打散，加入少量盐、胡椒粉，备用。

2. 热锅凉油滑锅，锅留底油把鸡蛋炒熟，倒出备用。

3. 锅中加少许油，将番茄煸炒至反沙，加少量水；加入盐、白糖、味精调味，放入鸡蛋炒至融合，用少许水淀粉勾芡，撒入葱花即可。

⭐ 菜品特色

色泽鲜艳，咸中带甜酸。

韭菜炒蛋

130 克 / 份

🍚 食材用料

主　料

韭　菜 · · · · · · · · · · · · 70 克

辅　料

鸡　蛋 · · · · · · · · · · · · 60 克

调味品

盐、辣椒、胡椒粉、油、味精

🌸 营养成分 (每100克)

能　量 · · · 422.8～454.3千焦

蛋白质 · · · · · · · 6.7～8.4 克

脂　肪 · · · · · · · 7.5～7.6 克

碳水化合物 · · · · 2.2～2.3 克

钠 · · · · · · · 64.0～79.6 毫克

🔔 烹饪过程

1. 韭菜切段，辣椒切丝；鸡蛋打散，加少许盐、胡椒粉，备用。

2. 热锅凉油滑锅，锅留少许油，加入韭菜、鸡蛋、辣椒丝；加入盐、味精调味，翻炒至韭菜熟即可。

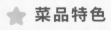

⭐ 菜品特色

色泽鲜艳，口感丰富。

西葫芦炒蛋

130 克 / 份

🍲 食材用料

主 料
西葫芦 · · · · · · · · · · · · 70 克

辅 料
鸡 蛋 · · · · · · · · · · · · 60 克

调味品
盐、辣椒、胡椒粉、油、味精、
白糖

🌼 营养成分 (每100克)

能 量 · · · 403.5～435.1 千焦
蛋白质 · · · · · · · 6.0～7.7 克
脂 肪 · · · · · · · 7.4～7.5 克
碳水化合物 · · · · · 1.9～2.0 克
钠 · · · · · · · 62.6～78.2 毫克

🔔 烹饪过程

1. 西葫芦切片，辣椒切小块；鸡蛋打散，加入少许盐、胡椒粉，备用。

2. 西葫芦焯水至 5 成熟，备用。

3. 热锅凉油滑锅，下入鸡蛋炒熟，倒出；锅中加少许油，倒入西葫芦、辣椒块，加入盐、味精、白糖调味，翻炒，再加入鸡蛋，翻炒均匀即可。

⭐ 菜品特色

色泽鲜艳，咸香清爽。

黑木耳炒蛋

130 克 / 份

🍚 食材用料

主 料

水发黑木耳·········· 60 克

辅 料

鸡 蛋············ 70 克

调味品

盐、胡椒粉、辣椒、油、味精、
白糖、葱

🌸 营养成分（每100克）

能 量···375.2～402.2千焦
蛋白质·········5.6～7.0 克
脂 肪·········6.3～6.4 克
碳水化合物····3.3～3.4 克
钠········56.0～69.4 毫克

🔔 烹饪过程

1. 将泡发过的黑木耳煮 5 分钟；鸡蛋打散，加少许盐、胡椒粉。辣椒切块，备用。

2. 热锅凉油滑锅，加入鸡蛋，炒熟倒出；锅中加少许油，下入黑木耳、辣椒块；加入盐、味精、白糖调味，翻炒，再加入鸡蛋、葱花翻炒均匀即可。

⭐ 菜品特色

色泽分明，口感丰富。

青椒炒蛋

130 克 / 份

🍚 食材用料

主 料
青 椒 ·············· 70 克

辅 料
鸡 蛋 ·············· 60 克

调味品
盐、胡椒粉、油、味精

🌸 营养成分 (每100克)

能 量 ··· 419.0～450.5 千焦
蛋白质 ······· 6.3～7.9 克
脂 肪 ······· 7.4～7.5 克
碳水化合物 ···· 2.8～2.9 克
钠 ······· 61.2～76.9 毫克

🔔 烹饪过程

1. 青椒切块；鸡蛋打散，加入少量盐、胡椒粉，备用。

2. 热锅凉油滑锅，锅留底油下入鸡蛋，炒至 8 成熟，备用。

3. 锅留底油，下入青椒，加入盐、味精调味；翻炒至青椒即将熟时倒入鸡蛋翻炒均匀即可。

⭐ 菜品特色

色泽鲜艳，鲜香美味。

丝瓜炒蛋

130 克 / 份

🍚 食材用料

主　料

丝　瓜 · · · · · · · · · · · 70 克

辅　料

鸡　蛋 · · · · · · · · · · · 60 克

调味品

辣椒、盐、胡椒粉、油、味精

🌸 营养成分 (每100克)

能　量 · · · 407.4～438.9 千焦
蛋白质 · · · · · · · 6.1～7.7 克
脂　肪 · · · · · · · 7.4～7.5 克
碳水化合物 · · · · 2.1～2.2 克
钠 · · · · · · · 61.7～77.3 毫克

🔔 烹饪过程

1. 丝瓜去皮、切块；辣椒切块；鸡蛋打散，加少许盐、胡椒粉，备用。

2. 锅烧油至 4 成热，下入丝瓜，过油至丝瓜 8 成熟，捞出沥油备用。

3. 热锅凉油滑锅，锅留底油，倒入鸡蛋炒至 8 成熟，加入丝瓜、辣椒块；加入盐、味精调味，翻炒至鸡蛋熟即可。

⭐ 菜品特色

香味浓郁，口感滑嫩。

蛋品类

黄瓜炒蛋

130 克 / 份

🍚 食材用料

主　料

黄　瓜 ············· 70 克

辅　料

鸡　蛋 ············· 60 克

调味品

辣椒、盐、胡椒粉、油、味精

🌼 营养成分 (每100克)

能　量 ··· 397.7～429.2 千焦

蛋白质 ······· 6.0～7.6 克

脂　肪 ······· 7.5～7.6 克

碳水化合物 ···· 1.5～1.6 克

钠 ········· 62.6～78.2 毫克

🔔 烹饪过程

1. 辣椒切块；黄瓜切片，加入少许盐，腌出水分，挤干水分，备用。

2. 鸡蛋打散，加入少许盐、胡椒粉，备用。

3. 热锅凉油滑锅，锅留底油，倒入鸡蛋，炒至 8 成熟，加入黄瓜、辣椒块；加入盐、味精调味，翻炒至鸡蛋熟即可。

⭐ 菜品特色

色泽鲜艳，口感丰富。

水蒸蛋

140 克 / 份

🍚 食材用料

主 料

鸡 蛋 · · · · · · · · · · · 70 克

调味品

盐、味精、葱、油、麻油、
酱油

🌸 营养成分（每100克）

能　量 · · · 614.5～631.2 千焦
蛋白质 · · · · · 12.1～12.5 克
脂　肪 · · · · · 10.5～10.8 克
碳水化合物 · · · · · · · · ·0.1 克
钠 · · · · · 130.0～140.0 毫克

🔔 烹饪过程

1. 将鸡蛋打散，加入盐、味精、1 倍水，打匀备用。

2. 将调好的鸡蛋液放入蒸锅中，中火蒸 8 分钟。

3. 葱花爆油，加入少许麻油，淋在鸡蛋表面，加少许酱油调
味即可。

⭐ 菜品特色

口感滑糯，咸鲜嫩弹。

肉糜炖蛋

120 克 / 份

🥣 食材用料

主 料

鸡 蛋 ············· 70 克

辅 料

肉 糜 ············· 50 克

调味品

鸡蛋液、盐、胡椒粉、味精、
酱油、麻油、生粉、葱、油

🌅 营养成分 (每100克)

能　量 · 1 008.1～1 032.5 千焦
蛋白质 ······ 19.3～20.6 克
脂　肪 ······ 17.7～17.8 克
碳水化合物 ···· 0.1～0.2 克
钠 ······ 89.3～101.3 毫克

🔔 烹饪过程

1. 在肉糜中加入鸡蛋液、盐、胡椒粉、味精、酱油、麻油、生粉，上浆至上劲，备用。

2. 将鸡蛋打散，加入盐、味精、胡椒粉，打匀备用。

3. 把浆好的肉糜铺在器皿中大火蒸 15 分钟，再倒入调好的鸡蛋液中火蒸 8 分钟。

4. 葱花爆油，加入少许麻油，淋在鸡蛋表面，加少许酱油调味即可。

⭐ 菜品特色

爽滑鲜香，口感丰富。

卤蛋 / 虎皮蛋

70 克 / 份

🍲 食材用料

主 料

鸡 蛋 ············· 70 克

调味品

油、葱、姜、八角、桂皮、香叶、
料酒、酱油、白糖、味精

🌸 营养成分 (每100克)

能 量 ···748.2～840.2 千焦
蛋白质 ····· 12.3～13.6 克
脂 肪 ····· 13.9～16.9 克
碳水化合物···· 0.2～0.4 克
钠 ····· 160.0～189.0 毫克

🔔 烹饪过程

1. 鸡蛋凉水下锅，水煮开后，小火再煮 10 分钟，捞出，放入凉水中，剥壳，备用。

2. 起锅烧油至 6 成热，下入鸡蛋炸至金黄，备用。

3. 锅留底油，下入葱、姜、八角、桂皮、香叶炒香，加入料酒、适量清水；加入酱油、白糖、味精调味，下入鸡蛋烧 20 分钟即可。

⭐ 菜品特色

色泽酱红，咸中带甜。

荷包蛋

70 克 / 份

🍚 食材用料

主 料

鸡 蛋 ············· 70 克

调味品

油、酱油

🌸 营养成分 (每100克)

能 量 ··· 727.3～748.2 千焦

蛋白质 ····· 13.6～15.0 克

脂 肪 ····· 12.7～13.9 克

碳水化合物 ···· 0.2～0.7 克

钠 ····· 160.0～170.0 毫克

🔔 烹饪过程

1. 热锅凉油滑锅，锅留底油，打入鸡蛋（不要让蛋黄破），煎至一面金黄后翻煎另一面。

2. 煎好的鸡蛋上淋少许酱油即可。

⭐ 菜品特色

操作简单，营养丰富。

白煮蛋

60 克 / 份

🥘 食材用料

主　料

鸡　蛋 ············· 60 克

🍯 营养成分 (每100克)

能　量 ···627.0～631.2 千焦
蛋白质 ······ 12.2～12.9 克
脂　肪 ······ 10.0～11.2 克
碳水化合物 ········· 0.3 克
钠 ······ 87.0～130.0 毫克

🔔 烹饪过程

锅中加凉水，下入鸡蛋，水煮开后再煮 8 分钟，捞出即可。

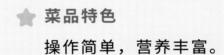

⭐ 菜品特色

操作简单，营养丰富。

CHAPTER 5
水产类

熏鱼

95 克 / 份

🍚 食材用料

主 料

草 鱼 ·········· 150 克

调味品

葱、姜、酱油、油、八角、桂皮、香叶、干辣椒、料酒、酱油、白糖、味精、五香粉、醋

🍯 营养成分（每100克）

能 量 ········ 1 183.0 千焦
蛋白质 ·········· 24.0 克
脂 肪 ·········· 16.5 克
碳水化合物 ········· 9.6 克
钠 ·········· 1 292.0 毫克

🔔 烹饪过程

1. 草鱼切块，加入葱、姜、酱油腌制，备用。

2. 锅中加入少许油，加入葱、姜、八角、桂皮、香叶、干辣椒炒香，加入料酒和适量水；加入酱油、白糖、味精、五香粉调味，熬至汤汁浓厚，捞出香料和葱、姜，出锅前加少许醋，倒出备用。

3. 起锅烧油至 7 成热，下入草鱼块，炸至外焦里嫩；浸泡至提前熬制的卤汁中，待完全吸收汁水后捞出即可。

⭐ 菜品特色

色泽酱红，甜中带咸。

剁椒鱼块

120 克 / 份

🍲 食材用料

主 料

白 鲢 ·········· 155 克

调味品

葱、姜、料酒、蒜、盐、胡
椒粉、白糖、油、剁椒、味精、
酱油

🏵 营养成分 (每100克)

能 量 ···412.2~415.2千焦
蛋白质 ··········16.8 克
脂 肪 ··········3.4 克
碳水化合物···· 0.2~0.4 克
钠 ········ 54.1~54.3 毫克

🔔 烹饪过程

1. 白鲢切块，加入葱、姜、料酒、盐、胡椒粉、白糖，腌制
   备用；切姜片、蒜片备用。

2. 起锅烧油，下入姜片、蒜片炒香，加入剁椒炒香，加入味
   精、料酒、白糖，备用。

3. 把腌制好的鱼块铺在器皿中，再铺上剁椒，上蒸锅大火蒸
   10 分钟。

4. 将蒸好的鱼上放葱花，淋上热油爆香，再淋上少许酱油
   即可。

⭐ 菜品特色

色泽鲜红，鲜辣入味。

红烧鱼块

120 克 / 份

🍚 食材用料

主 料

草 鱼 ·········· 140 克

调味品

盐、味精、料酒、葱、姜、油、
生粉、酱油、白糖

🌸 营养成分 (每100克)

能 量 ···461.5～465.1千焦
蛋白质 ··········16.2 克
脂 肪 ·········5.0 克
碳水化合物 ···· 0.2～0.4 克
钠 ····· 241.0～243.0 毫克

🔔 烹饪过程

1. 草鱼切块、清洗，加入盐、味精、料酒、葱、姜，腌制
   10 分钟，备用。

2. 起锅烧油，把鱼块加适量生粉拌匀，分散下油锅炸至 9 成
   熟，表面发黄捞出，备用；葱切段，姜切片，备用。

3. 锅留底油，下入葱段、姜片炒香，喷入料酒，加入适量水；
   加入酱油、白糖、盐调味，下入鱼块，中小火烧 10 分钟。

4. 待汤汁收浓后出锅，撒上葱花即可。

⭐ 菜品特色

色泽红亮，口感细腻，咸中带甜。

干煎带鱼

100 克 / 份

🍚 食材用料

主料

带 鱼 · · · · · · · · · · · · 150 克

调味品

葱、姜、花椒、盐、味精、料酒、
生粉、油

🍯 营养成分 (每100克)

能　量 · · · 633.5～635.0 千焦
蛋白质 · · · · · · 17.1～17.2 克
脂　肪 · · · · · · · · 7.9～8.0 克
碳水化合物 · · · · · · · · · 3.0 克
钠 · · · · · 145.3～146.5 毫克

🔔 烹饪过程

1. 将带鱼切成段，加入葱、姜、花椒、盐、味精、料酒，腌制30分钟；拣出葱、姜、花椒，裹上生粉，备用。

2. 起锅烧油至7成热，下入带鱼，炸至金黄即可。

⭐ 菜品特色

色泽金黄，外焦里嫩。

水产类

面拖小黄鱼

120 克 / 份

🍚 食材用料

主 料

小黄鱼 ··········· 120 克

调味品

葱、姜、盐、味精、面粉、
鸡蛋液、油

🌸 营养成分 (每100克)

能 量 ···563.1～573.3千焦

蛋白质 ····· 16.9～17.2 克

脂 肪 ········ 2.8～2.9 克

碳水化合物 ········10.6 克

钠 ······· 88.7～96.9 毫克

🔔 烹饪过程

1. 将小黄鱼用葱、姜、盐、味精腌制 4 小时以上，备用；面
粉中加入盐、味精、鸡蛋液，调成糊状，备用。

2. 起锅烧油至 6 成热，将小黄鱼包裹上面糊，下入油锅中炸
至金黄即可。

⭐ 菜品特色

色泽金黄，外焦里嫩。

红烧罗非鱼

120 克 / 份

🍲 食材用料

主 料
罗非鱼 ············ 140 克

调味品
油、豆瓣酱、葱、姜、料酒、
酱油、白糖、胡椒粉、味精、
淀粉、麻油

🌸 营养成分 (每100克)

能　量 ···525.7～549.9千焦
蛋白质 ······ 21.2～25.4 克
脂　肪 ······ 2.6～5.0 克
碳水化合物 ·········· 0.4 克
钠 ······ 252.6～266.1 毫克

🔔 烹饪过程

1. 起锅烧油至 5 成热，将预处理过的罗非鱼过油，捞出备用。

2. 锅留底油，加入豆瓣酱、葱、姜炒香，加入料酒、适量水；加入酱油、白糖、胡椒粉调味，加入罗非鱼，中小火烧 8 分钟，待汤汁收浓后加入味精，用少许水淀粉勾芡，淋入麻油，撒上葱花即可。

⭐ 菜品特色

色泽红亮，咸香细腻。

水产类

清蒸小鲳鱼

120 克 / 份

🍲 食材用料

主料

小鲳鱼 · · · · · · · · · · · 110 克

调味品

葱、姜、料酒、盐、味精、
胡椒粉、白糖、油、蒸鱼豉油、
葱油

🏵 营养成分 (每100克)

能　量 · · · 582.3～607.2 千焦
蛋白质 · · · · · · 17.2～18.4 克
脂　肪 · · · · · · · 7.2～7.9 克
碳水化合物 · · · · · · · · · · 0.1 克
钠 · · · · · 113.3～140.0 毫克

🔔 烹饪过程

1. 将小鲳鱼铺在器皿中，加入葱、姜、料酒、盐、味精、胡椒粉、白糖，腌制备用。

2. 将小鲳鱼在蒸锅中大火蒸 8 分钟。

3. 拣出葱、姜，淋上少量蒸鱼豉油、葱油即可。

⭐ 菜品特色

咸鲜入味，口感香嫩。

清蒸鳊鱼

155 克 / 份

🍚 食材用料

主 料

鳊 鱼 ⋯⋯⋯⋯⋯ 140 克

调味品

葱、姜、盐、味精、料酒、
酱油、葱油

🌸 营养成分（每100克）

能 量 ⋯573.9～574.6千焦
蛋白质 ⋯⋯⋯⋯⋯22.2 克
脂 肪 ⋯⋯⋯⋯⋯5.4 克
碳水化合物⋯⋯⋯⋯0.1 克
钠 ⋯⋯ 121.8～122.3 毫克

🔔 烹饪过程

1. 将鳊鱼清洗后，加入葱、姜、盐、味精、料酒，腌制备用。

2. 将鳊鱼摆盘，放入蒸锅中蒸熟。

3. 拣出葱、姜，淋上少量酱油、葱油即可。

⭐ 菜品特色

鱼肉鲜美，汤汁清澈。

水产类

红烧河鲫鱼

110 克 / 份

🍚 食材用料

主 料

河鲫鱼 ············· 120 克

调味品

油、葱、姜、料酒、酱油、白糖、
胡椒粉、味精、淀粉、麻油

🌸 营养成分 (每100克)

能 量 ··· 439.7~443.9 千焦
蛋白质 ············· 16.6 克
脂 肪 ·············· 2.6 克
碳水化合物 ···· 3.8~4.1 克
钠 ····· 267.4~269.6 毫克

🔔 烹饪过程

1. 起锅烧油至 5 成热，将预处理过的河鲫鱼过油，捞出备用。

2. 葱、姜切丝，备用。

3. 锅留底油，加入葱、姜炒香，加入料酒、适量水；加入酱油、白糖、胡椒粉调味，加入河鲫鱼，中小火烧 8 分钟，待汤汁收浓后加入味精，用少许水淀粉勾芡，淋入麻油，撒上葱花即可。

⭐ 菜品特色

色泽红亮，口感细腻，咸中带甜。

油爆虾

80 克 / 份

🍚 食材用料

主 料

冻基围虾 · · · · · · · · · 100 克

调味品

葱、姜、油、料酒、酱油、白糖、
味精、麻油

🍯 营养成分（每100克）

能　量 · · · 730.1～732.3 千焦
蛋白质 · · · · · · · 9.7～9.8 克
脂　肪 · · · · · · · 6.5～6.6 克
碳水化合物 · · · · · · · 19.3 克
钠 · · · · · 324.0～325.7 毫克

🔔 烹饪过程

1. 准备葱段、姜片。

2. 起锅烧油至 7 成热，下入基围虾，炸熟，备用。

3. 锅留底油，下入葱段、姜片炒香，喷入料酒，加少许水；加入酱油、白糖、味精调味，汤汁收浓后，下入基围虾，翻炒至汁水收干，淋入麻油即可。

⭐ 菜品特色

色泽红亮，口感细腻，甜中带咸。

水产类

椒盐虾

90 克 / 份

🍚 食材用料

主 料

冻基围虾 · · · · · · · · · 100 克

辅 料

洋葱、青红椒 · · · · · · · 10 克

调味品

生粉、油、葱、椒盐、麻油

🌸 营养成分 (每100克)

能 量 · · · 356.4～398.2 千焦

蛋白质 · · · · · 16.7～17.0 克

脂 肪 · · · · · · · 0.4～1.3 克

碳水化合物 · · · · 3.3～4.2 克

钠 · · · · · · 157.3～191.0 毫克

🔔 烹饪过程

1. 洋葱切末，青、红椒切末。

2. 将基围虾拌少许生粉，备用。

3. 起锅烧油至 6 成热，下入基围虾，炸至 8 成熟，捞出；升高油温至 7 成热，把表面炸脆，备用。

4. 锅留底油，加入洋葱末、青红椒末、葱花炒香；下入基围虾，撒入椒盐，翻炒均匀，淋入麻油即可。

⭐ 菜品特色

外焦里嫩，香辣鲜美。

盐水虾

90 克 / 份

🥘 食材用料

主 料

冻基围虾 ·········· 100 克

调味品

葱、姜、花椒、盐、味精、
料酒

🍯 营养成分 (每100克)

能 量 ···372.5~418.0 千焦
蛋白质 ······ 18.0~18.3 克
脂 肪 ······· 0.4~1.4 克
碳水化合物 ···· 3.0~3.9 克
钠 ····· 559.5~596.2 毫克

🔔 烹饪过程

1. 准备葱段、姜片。

2. 基围虾焯水至 7 成熟，捞出备用。

3. 锅中烧水，加入葱段、姜片、花椒、盐、味精、料酒调味，
下入基围虾煮至熟。

⭐ 菜品特色

鲜红美观，鲜嫩爽口。

水产类

CHAPTER 6

豆制品

韭菜干丝

130 克 / 份

🍚 食材用料

主 料

韭 菜 · · · · · · · · · · · · 90 克

辅 料

厚百叶 · · · · · · · · · · · · 40 克

调味品

辣椒、油、盐、味精、白糖、
酱油

🌸 营养成分 (每100克)

能 量 · · · · · · · · 420.9 千焦
蛋白质 · · · · · · · · 8.9~9.2 克
脂 肪 · · · · · · · · 5.1~5.2 克
碳水化合物 · · · · 3.5~4.9 克
钠 · · · · · · · · · · · · 11.2 毫克

🔔 烹饪过程

1. 韭菜切段，厚百叶、辣椒切丝，备用。

2. 百叶丝焯水，捞出备用。

3. 锅热加适量油，下入韭菜煸炒，再下入百叶丝、辣椒丝；
加入盐、味精、白糖、酱油调味，煸炒至韭菜熟即可。

⭐ 菜品特色

色泽鲜艳，口感丰富，韭香四溢。

芹菜干丝

130 克 / 份

🍲 食材用料

主　料

芹　菜 · · · · · · · · · · · 100 克

辅　料

厚百叶 · · · · · · · · · · · 40 克

调味品

辣椒、油、盐、味精、白糖、酱油

🌸 营养成分 (每100克)

能　量 · · · 360.7～369.6 千焦
蛋白质 · · · · · · · 7.5～7.6 克
脂　肪 · · · · · · · 4.6～4.7 克
碳水化合物 · · · · · 3.6～3.7 克
钠 · · · · · · · · 63.0～90.9 毫克

🔔 烹饪过程

1. 芹菜切段，厚百叶、辣椒切丝，备用。

2. 百叶丝焯水，滑油，捞出备用。

3. 锅热加适量油，下入芹菜煸炒，再下入百叶丝、辣椒丝；加入盐、味精、白糖、酱油调味，煸炒至芹菜熟即可。

⭐ 菜品特色

色泽分明，清脆软糯，口感丰富。

青椒干丝

130 克 / 份

🍚 食材用料

主 料

厚百叶 ·········· 110 克

辅 料

青 椒 ·········· 20 克

调味品

油、盐、味精、白糖

🌸 营养成分 (每100克)

能 量 ··· 727.6～936.3 千焦

蛋白质 ···· 18.3～20.89 克

脂 肪 ······· 8.9～13.6 克

碳水化合物 ···· 5.1～5.7 克

钠 ··············· 18.4 毫克

🔔 烹饪过程

1. 青椒、厚百叶切丝，备用。

2. 百叶丝焯水，备用。

3. 锅中加少许油，下入青椒丝煸炒，下入百叶丝；加入盐、味精、白糖调味，翻炒均匀即可。

⭐ 菜品特色

色泽鲜艳，口味咸鲜，嫩滑有嚼劲。

红烧油豆腐

180 克 / 份

 食材用料

主　料

油豆腐 · · · · · · · · · · · 100 克

调味品

油、葱、姜、八角、酱油、白糖、
盐、辣椒

 营养成分 (每100克)

能　量 · · · 982.9～987.9 千焦
蛋白质 · · · · · 16.4～16.5 克
脂　肪 · · · · · · · · · · · 16.8 克
碳水化合物 · · · · 4.9～5.2 克
钠 · · · · · 302.4～305.1 毫克

🔔 **烹饪过程**

1. 葱切末，辣椒切丝，备用。

2. 起锅烧油，下入葱、姜、八角、适量水。

3. 加入酱油、白糖、盐调味，放入油豆腐，烧至入味收汁。

4. 装盘，撒上葱末、辣椒丝即可。

⭐ **菜品特色**

色泽红亮，鲜香味浓。

豆制品

黄豆芽炒油豆腐

130 克 / 份

🍚 食材用料

主 料
黄豆芽 ············· 110 克

辅 料
油豆腐 ············· 20 克

调味品
油、酱油、盐、味精、白糖

❀ 营养成分 (每100克)

能　量···288.4～323.8千焦
蛋白质·······5.8～6.4克
脂　肪·······4.0～4.1克
碳水化合物····2.7～4.6克
钠·········7.5～10.9毫克

🍽 烹饪过程

1. 油豆腐焯水，备用。

2. 锅留底油，煸炒黄豆芽，加入适量水，下入油豆腐；加入酱油、盐、味精、白糖调味，加盖焖5分钟，翻炒均匀即可。

★ 菜品特色

色泽金黄，爽口鲜美。

家常豆腐

130 克 / 份

🍚 食材用料

主　料

老豆腐 · · · · · · · · · · · 125 克

猪　肉 · · · · · · · · · · · 10 克

辅　料

水发木耳、甜椒、笋 · · · 15 克

调味品

泡椒、姜、蒜、油、甜椒、料酒、酱油、盐、味精、白糖、淀粉、麻油

🌸 营养成分 (每100克)

能　量 · · · 507.0～465.2千焦

蛋白质 · · · · · · 9.4～11.9 克

脂　肪 · · · · · · 6.2～9.0 克

碳水化合物 · · · · 2.3～3.1 克

钠 · · · · · · · · · · · · 12.2 毫克

🔔 烹饪过程

1. 将老豆腐切厚片，泡椒切末，木耳泡发，猪肉切片上浆，甜椒切块，笋切片，准备蒜泥、姜末适量。

2. 起锅烧油至 7 成热，炸至豆腐金黄，捞出备用。

3. 锅留底油，下入蒜泥、姜末、甜椒炒香，喷入料酒，加入适量水下入豆腐；加入酱油、盐、味精、白糖调味，烧 3 ～ 5 分钟，汤汁收浓后用少量水淀粉勾芡，淋入麻油。

⭐ 菜品特色

色泽丰富，软糯可口。

麻辣豆腐

130 克 / 份

🍚 食材用料

主 料

豆　腐 · · · · · · · · · · · 110 克

辅 料

猪　肉 · · · · · · · · · · · · 5 克

调味品

葱、姜、蒜、盐、油、花椒、豆瓣酱、料酒、味精、酱油、淀粉

🌸 营养成分（每100克）

能　量 · · · 268.4～296.4 千焦

蛋白质 · · · · · · · · 5.8～7.0 克

脂　肪 · · · · · · · · 3.2～3.8 克

碳水化合物 · · · · 2.5～3.2 克

钠 · · · · · · · · · · · 6.8～9.7 毫克

🔔 烹饪过程

1. 豆腐切成小块，备用。

2. 准备葱花、蒜泥、姜末、猪肉末。

3. 锅中烧水，将豆腐冷水下锅，加入盐，煮2分钟，倒出备用。

4. 起锅烧油，花椒下锅煸香撩起；锅中留花椒油，下入肉末煸炒出水分，下入姜末、蒜泥炒香，再下入豆瓣酱炒香；喷入料酒，加入适量水，倒入豆腐；加入盐、味精、酱油调味，改中火烧入味，用少量水淀粉勾芡即可。

⭐ 菜品特色

色泽暗红，麻辣鲜香。

葱油麻腐

130 克 / 份

🍚 食材用料

主 料

麻 腐 ············· 130 克

调味品

葱、油、盐、味精、淀粉、麻油、
辣椒

🌸 营养成分（每100克）

能　量 ··· 158.8～213.2 千焦
蛋白质 ······· 0.2～0.3 克
脂　肪 ······· 0.3～0.5 克
碳水化合物 ···· 8.9～11.3 克
钠 ·············· 3.0 毫克

🔔 烹饪过程

1. 麻腐切块，葱切末，辣椒切圈，备用。

2. 麻腐加盐焯水，捞出备用。

3. 起锅烧油，下入葱花煸香，加入适量水、麻腐、盐、味精调味，
   烧至入味，用适量水淀粉勾芡，放上辣椒圈，淋入麻油。

⭐ 菜品特色

葱香四溢，筋软光滑。

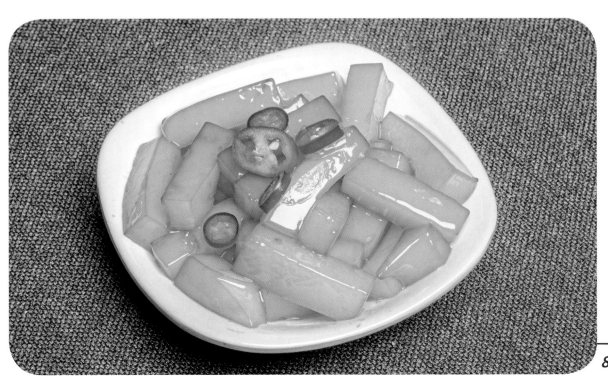

五香兰花干

100 克 / 份

🍚 食材用料

主 料

兰花干 ······· 1 块（90 克）

调味品

油、葱、姜、干辣椒、八角、
桂皮、香叶、料酒、酱油、
盐、白糖、味精、五香粉、
胡椒粉

🌸 营养成分（每100克）

能　量 ···593.6～656.3 千焦
蛋白质 ······ 14.9～16.2 克
脂　肪 ······· 3.6～9.1 克
碳水化合物 ···· 4.0～11.5 克
钠 ······· 76.0～90.3 毫克

🔔 烹饪过程

1. 葱切末，姜切丝，备用。

2. 起锅烧油，下入葱、姜丝、干辣椒、八角、桂皮、香叶炒香，加入料酒和适量水。

3. 加入酱油、盐、白糖、味精、五香粉、胡椒粉调味，下入兰花干卤制 5 分钟即可。

⭐ 菜品特色

操作简单，香味浓郁。

大蒜香干

130 克 / 份

🍲 食材用料

主　料

青　蒜 ·············· 95 克

辅　料

香　干 ·············· 40 克

调味品

辣椒、油、盐、味精、酱油

🌸 营养成分（每100克）

能　量 ···288.3～305.9 千焦

蛋白质 ·······6.2～6.4 克

脂　肪 ·······2.5～2.6 克

碳水化合物 ····5.9～7.1 克

钠 ········72.9～75.7 毫克

🔔 烹饪过程

1. 青蒜切段，香干切条，辣椒切丝，备用。

2. 香干条焯水，捞出备用。

3. 锅热加适量油，下入青蒜煸炒，再下入香干、辣椒丝；加入盐、味精、酱油调味，煸炒至青蒜熟即可。

⭐ 菜品特色

色泽鲜亮，香气浓郁，开胃爽口。

豆制品

91

黄瓜炒腐竹

120 克 / 份

🥗 食材用料

主 料

黄　瓜 ··········· 100 克

辅 料

水发腐竹 ··········· 20 克

调味品

油、盐、味精、白糖、麻油

🌸 营养成分 (每100克)

能　量 ··· 356.0～373.4千焦
蛋白质 ········ 7.9～8.0 克
脂　肪 ··········· 3.7 克
碳水化合物 ··· 5.0～6.7 克
钠 ········· 6.0～6.8 毫克

🍽 烹饪过程

1. 黄瓜切块，水发腐竹切段，备用。

2. 起锅烧油，倒入黄瓜、腐竹，加入盐、味精、白糖调味，翻炒均匀，淋入麻油即可。

⭐ 菜品特色

清香爽口，营养丰富。

咸肉蒸百叶

130 克 / 份

 食材用料

主 料
百叶丝 · · · · · · · · · · · · 100 克

辅 料
咸 肉 · · · · · · · · · · · · · 30 克

调味品
味精、白糖、盐、葱油

营养成分 (每100克)

能 量 · 1 028.9～1 218.6 千焦
蛋白质 · · · · · · 20.4～22.7 克
脂 肪 · · · · · 16.4～20.6 克
碳水化合物 · · · · · 4.2～4.8 克
钠 · · · · · · · · · · · · · 61.4 毫克

🔔 **烹饪过程**

1. 咸肉切块备用。

2. 将百叶丝打底，咸肉铺在百叶丝上，加入适量水；加入味精、白糖、盐调味，上蒸笼蒸 15 ～ 20 分钟，淋上葱油即可。

⭐ **菜品特色**

鲜香浓郁，清爽不腻。

豆制品

咸菜炒粉皮

130 克 / 份

🍚 食材用料

主 料

咸 菜 ·············· 20 克

辅 料

粉 皮 ············· 110 克

调味品

油、盐、味精、白糖、淀粉、麻油

🌸 营养成分 (每100克)

能 量 ···134.9～139.9 千焦
蛋白质 ················0.3 克
脂 肪 ················0.2 克
碳水化合物 ···· 7.7～8.0 克
钠 ······ 596.2～632.4 毫克

🔔 烹饪过程

1. 咸菜切末，粉皮切块，备用。

2. 锅加少许油，下入咸菜末煸炒香后，加入适量水，下入粉皮；加入盐、味精、白糖调味，烧至粉皮变软，用适量水淀粉勾芡，淋上麻油即可。

⭐ 菜品特色

口味咸鲜，粉皮软滑。

油三角塞肉

150 克 / 份

🍲 食材用料

主 料

油三角 ·········· 100 克

辅 料

猪肉糜 ·········· 50 克

调味品

鸡蛋液、盐、味精、胡椒粉、
生粉、油、葱、姜、八角、桂皮、
香叶、料酒、酱油、白糖、
淀粉、麻油

🌸 营养成分（每100克）

能　量·1 010.2～1 155.1千焦

蛋白质 ····· 15.9～20.0 克

脂　肪 ····· 16.3～22.0 克

碳水化合物 ···· 3.3～4.0 克

钠 ······· 39.0～40.0 毫克

🔔 烹饪过程

1. 猪肉糜中加入鸡蛋液、盐、味精、胡椒粉、生粉，上浆备用。

2. 将油三角挖一个小口，塞入浆好的猪肉糜，封口处沾一些淀粉，备用。

3. 锅中加少许油，放入葱、姜、八角、桂皮、香叶炒香；加入料酒、适量水；加入酱油、盐、味精、白糖、胡椒粉调味，塞好肉的油三角烧 30 分钟，至汤水浓厚，用少许水淀粉勾芡，淋入麻油即可。

⭐ 菜品特色

肉香四溢，口感丰富。

豆制品

豆腐衣炒青菜

130 克 / 份

🍚 食材用料

主 料
青　菜　⋯⋯⋯⋯⋯ 110 克

辅 料
豆腐衣　⋯⋯⋯⋯⋯ 40 克

调味品
油、盐、味精、白糖

💮 营养成分 (每100克)

能　量	⋯518.3～558.2千焦
蛋白质	⋯⋯ 13.3～14.1 克
脂　肪	⋯⋯⋯ 5.2～5.4 克
碳水化合物	⋯⋯ 6.2～7.3 克
钠	⋯⋯⋯ 9.7～17.1 毫克

🔔 烹饪过程

1. 豆腐衣焯水，备用。

2. 锅热加少许油，下入青菜、豆腐衣翻炒，加入盐、味精、白糖调味，翻炒均匀即可。

⭐ 菜品特色

嫩滑爽口，清香美味。

红烧百叶结

130 克 / 份

食材用料

主 料

百叶结 · · · · · · · · · · · 110 克

调味品

油、葱、姜、酱油、盐、白糖、味精

营养成分（每100克）

能　量	848.5～1 095.2千焦
蛋白质	21.5～24.5 克
脂　肪	10.5～16.0 克
碳水化合物	5.5～6.2 克
钠	21.0 毫克

烹饪过程

1. 热锅凉油滑锅，放入葱、姜炒香，加入酱油、盐、白糖、水，水量没过百叶结即可。

2. 烧开后转小火焖烧，改大火收汁，出锅前加入味精即可。

菜品特色

色泽红亮，鲜嫩入味。

豆制品

青椒炒面筋

130 克 / 份

🍚 食材用料

主 料

青 椒 ············· 50 克

辅 料

水面筋 ············· 80 克

调味品

油、料酒、酱油、白糖、盐、
味精、淀粉、麻油

🌸 营养成分 (每100克)

能 量 ···389.4～408.7千焦

蛋白质 ····· 14.8～15.0 克

脂 肪 ··········0.2 克

碳水化合物 ···· 8.6～10.0 克

钠 ······ 10.0～10.8 毫克

🔔 烹饪过程

1. 青椒切块，水面筋切片，备用。

2. 起锅烧油至 7 成热，下入水面筋片，炸至蓬松金黄，捞出备用。

3. 锅留底油，下入炸好的水面筋，喷入料酒，加入适量水；加入酱油、白糖调味，烧至面筋变软，加入青椒、盐、味精，至青椒烧熟，用适量水淀粉勾芡，淋入麻油即可。

⭐ 菜品特色

口感劲道，咸鲜入味。

香菇炒面筋

130 克 / 份

食材用料

主 料

水面筋 · · · · · · · · · · · 80 克

辅 料

香菇、木耳 · · · · · · · · 40 克

调味品

油、蒜、酱油、盐、味精、白糖、
淀粉、麻油

营养成分 (每100克)

能　量 · · · 454.1～512.7千焦
蛋白质 · · · · · 9.5～16.7 克
脂　肪 · · · · · 0.2～0.7 克
碳水化合物 · · · 13.7～23.1 克
钠 · · · · · · · · 5.3～10.6 毫克

烹饪过程

1. 水面筋切块；香菇、木耳泡发，切块备用。

2. 锅中加少许油，下入蒜末煸炒，加入适量水，下入香菇、木耳、面筋；加入酱油、盐、味精、白糖调味，烧至香菇熟，汤汁浓厚，用适量水淀粉勾芡，淋入麻油即可。

菜品特色

清香软嫩，咸鲜酱香。

四喜烤麸

130 克 / 份

🍚 食材用料

主 料

烤　麸 ············· 100 克

辅 料

黑木耳、黄花菜、香菇、花生米

················· 30 克

调味品

油、姜、酱油、冰糖、盐、味精、麻油

🌸 营养成分（每100克）

能　量 ··· 535.0～592.8 千焦

蛋白质 ····· 18.3～21.3 克

脂　肪 ······· 2.2～3.1 克

碳水化合物 ···· 5.1～11.8 克

钠 ······ 193.0～244.0 毫克

🔔 烹饪过程

1. 烤麸切块，黑木耳、黄花菜、香菇泡发并改刀。

2. 锅中烧水，烤麸焯水，捞出，冲凉去除烤麸的酸味，挤干水分，备用。

3. 起锅烧油至 7 成热，下入烤麸，炸至金黄色，备用。

4. 锅留底油，下入姜末煸炒，加入适量水，下入烤麸、花生米、黄花菜、香菇；加入酱油、冰糖、盐、味精调味，改中小火烧 45 分钟，下入黑木耳再烧 15 分钟，收汁，淋入麻油即可。

⭐ 菜品特色

口感软糯，色泽酱红，咸鲜带甜。

五香素鸡

90 克 / 份

🍱 食材用料

主 料

素 鸡 · · · · · · · · · · 80 克

调味品

油、葱、姜、八角、桂皮、香叶、
酱油、盐、白糖

🌸 营养成分 (每100克)

能 量 · · · 764.9～810.9 千焦
蛋白质 · · · · · 15.1～16.5 克
脂 肪 · · · · · 11.6～12.5 克
碳水化合物 · · · · 4.2～5.1 克
钠 · · · · · 332.4～374.0 毫克

🔔 烹饪过程

1. 素鸡切片，备用。

2. 起锅倒油，烧至 7 成热，下入素鸡，炸至金黄色，备用。

3. 锅留底油，下入葱、姜、八角、桂皮、香叶炒香，加入适量清水；加入酱油、盐、白糖调味，下入素鸡烧至入味即可。

⭐ 菜品特色

浓油赤酱，香味浓郁。

油炸臭豆腐

130 克 / 份

🍚 食材用料

主 料

臭豆腐 ·············· 150 克

调味品

油、辣椒

🌸 营养成分 (每100克)

能　量 · 1 091.0～1 132.8千焦

蛋白质 ····· 17.2～23.5克

脂　肪 ····· 17.7～20.2克

碳水化合物···· 8.0～10.5克

钠 ········· 12.0～16.0毫克

🔔 烹饪过程

1. 臭豆腐清水冲洗，辣椒切圈，备用。

2. 起锅烧油至 7 成热，下入臭豆腐炸至金黄，放上辣椒圈。

⭐ 菜品特色

色泽金黄，口感酥脆。

CHAPTER 7

蔬菜类

炒青菜

130 克 / 份

🥗 食材用料

主　料

青菜 · · · · · · · · · · · 180 克

调味品

油、盐、味精、白糖

🍯 营养成分 （每100克）

能　量 · · · · 41.8～83.6 千焦
蛋白质 · · · · · · · 1.4～1.9 克
脂　肪 · · · · · · 0.3～0.7 克
碳水化合物 · · · · 1.6～2.4 克
钠 · · · · · · 10.0～132.0 毫克

🔔 烹饪过程

1. 热锅加少许油，下入青菜。

2. 加入盐、味精、白糖调味，加少量水，翻炒至青菜熟即可。

⭐ 菜品特色

口感脆嫩，清香咸鲜。

炒大白菜

130 克 / 份

 食材用料

主　料

大白菜 · · · · · · · · · · · 200 克

调味品

油、盐、味精、白糖

 营养成分 (每100克)

能　量 · · · 117.0～125.4 千焦
蛋白质 · · · · · · · 1.2～3.7 克
脂　肪 · · · · · · · 0.3～1.6 克
碳水化合物 · · · · 0.9～2.8 克
钠 · · · · · · · 85.0～106.5 毫克

🛎 **烹饪过程**

1. 大白菜切丝。

2. 热锅加少许油，下入大白菜。

3. 加入盐、味精、白糖调味，加少量水，翻炒至大白菜熟即可。

⭐ **菜品特色**

口感脆嫩，咸鲜爽口。

炒卷心菜

130 克 / 份

🍚 食材用料

主 料

卷心菜 ·············· 150 克

调味品

油、盐、味精、白糖

🌼 营养成分 (每100克)

能　量 ····66.9～108.7千焦
蛋白质 ········ 1.2～1.4 克
脂　肪 ········ 0.1～0.2 克
碳水化合物 ····· 3.2～3.8 克
钠 ············ 8.0～9.0 毫克

🔔 烹饪过程

1. 卷心菜切片。

2. 热锅加少许油，下入卷心菜。

3. 加入盐、味精、白糖调味，加少量水，翻炒至卷心菜熟即可。

⭐ 菜品特色

口感脆嫩，清香咸鲜。

炒豇豆

130 克 / 份

🍚 食材用料

主料

豇 豆 ·········· 150 克

调味品

辣椒、油、蒜、盐、味精、
白糖

🌼 营养成分 (每100克)

能　量···138.8～167.2千焦
蛋白质········ 2.2～2.9克
脂　肪········ 0.3～1.2克
碳水化合物···· 5.9～7.3克
钠········· 2.0～9.1毫克

🛎 烹饪过程

1. 豇豆切段，辣椒切丝，备用。

2. 热锅加少许油，放入蒜末炒香，下入豇豆、辣椒丝。

3. 加入盐、味精、白糖调味，加少量水，翻炒至豇豆熟即可。

⭐ 菜品特色

色泽翠绿，口感软糯，鲜香入味。

清炒绿豆芽

130 克 / 份

🍚 食材用料

主料

绿豆芽 ·········· 150 克

调味品

辣椒、油、盐、味精、白糖

🌸 营养成分 (每100克)

能　量 ··· 125.4～209.1 千焦
蛋白质 ········ 3.0～4.3 克
脂　肪 ············· 0.2 克
碳水化合物 ··· 5.9～10.6 克
钠 ········· 6.0～9.0 毫克

🛎 烹饪过程

1. 辣椒切丝备用。

2. 锅中加适量油，烧热后下入绿豆芽、辣椒丝。

3. 加入盐、味精、白糖调味，加少量水，翻炒均匀即可。

⭐ 菜品特色

色泽鲜嫩，脆嫩爽口。

青椒藕片

130 克 / 份

🍲 食材用料

主　料

藕 · · · · · · · · · · · · · 120 克

辅　料

青　椒 · · · · · · · · · · · 10 克

调味品

油、葱、姜、盐、醋、味精

🌸 营养成分 (每100克)

能　量 · · · 259.5～286.5千焦

蛋白质 · · · · · · · · · · · · 1.8 克

脂　肪 · · · · · · 0.1～0.2 克

碳水化合物 · · · 14.5～15.3 克

钠 · · · · · · · 22.5～40.9 毫克

🔔 烹饪过程

1. 藕去皮洗净，切片，泡水备用；青椒切片，葱、姜切末，备用。

2. 锅中烧油，放入葱、姜末炒香，倒入藕片，炒至藕片基本断生，放入青椒翻炒；加入盐、醋、味精调味，翻炒均匀即可。

⭐ 菜品特色

色泽白嫩，酥脆咸鲜。

红烧萝卜

130 克 / 份

🍚 食材用料

主 料

萝　卜 ············· 150 克

调味品

油、酱油、白糖、盐、味精、麻油

🌸 营养成分（每100克）

能　量 ···158.8～165.4千焦

蛋白质 ·············1.3 克

脂　肪 ·············1.8 克

碳水化合物 ····5.9～6.3 克

钠 ······401.3～404.8 毫克

🍲 烹饪过程

1. 萝卜切块，焯水，备用。

2. 锅中加少许油，加入萝卜，加入适量水；加入酱油、白糖、盐、味精调味，大火烧开后转小火焖烧 20 分钟至酥软；大火收汁，淋入麻油即可。

⭐ 菜品特色

色泽红亮，汤汁浓厚，味鲜软滑。

蒜泥海带丝

130 克 / 份

 食材用料

主 料

海带丝 ·········· 130 克

调味品

蒜、油、干辣椒、酱油、白糖、
盐、味精、醋

营养成分 (每100克)

能　量 ··· 150.6～220.5 千焦
蛋白质 ······· 1.2～1.3 克
脂　肪 ······· 0.4～3.0 克
碳水化合物···· 6.3～8.0 克
钠 ····· 265.2～340.3 毫克

 烹饪过程

1. 海带丝焯水，蒜切末，备用。

2. 锅中加少许油，加入干辣椒爆香，浇在蒜末上，备用。

3. 海带丝中加入酱油、白糖、盐、味精、醋及炸过的蒜末，拌匀即可。

⭐ **菜品特色**

咸鲜微辣，含碘丰富。

蔬菜类

葱油海带结

130 克 / 份

🍚 食材用料

主 料

海带结 · · · · · · · · · · · 130 克

调味品

姜、蒜、油、干辣椒、葱、酱油、
白糖、味精、醋

🌸 营养成分 (每100克)

能　量 · · · 432.0～435.3 千焦

蛋白质 · · · · · · · · 1.6～1.8 克

脂　肪 · · · · · · · · 7.6～7.7 克

碳水化合物 · · · · · · · · · 1.0 克

钠 · · · · · · 216.6～219.2 毫克

🔔 烹饪过程

1. 海带结焯水，姜、蒜切末，备用。

2. 锅中加少许油，加入姜末、蒜末、干辣椒爆香，加入葱末、酱油炒匀。

3. 将炒好的葱油倒入海带结中，再加入白糖、味精、醋，拌匀即可。

⭐ 菜品特色

口味咸鲜，含碘丰富。

葱油芋艿

130 克 / 份

🍲 食材用料

主 料

芋艿 · · · · · · · · · · · · 130 克

调味品

葱、油、盐、味精、白糖

🌸 营养成分 (每100克)

能　量 · · · 338.5～380.3 千焦
蛋白质 · · · · · · · 1.2～2.2 克
脂　肪 · · · · · · · 0.1～0.2 克
碳水化合物 · · · 18.1～22.4 克
钠 · · · · · · · 13.0～33.0 毫克

🔔 烹饪过程

1. 芋艿蒸熟，葱切末，备用。

2. 锅中加少许油，下入葱花爆香，加入适量水；加入芋艿及盐、味精、白糖调味，烧至入味即可。

⭐ 菜品特色

口感软糯，葱香四溢。

蔬菜类

青椒土豆丝

130 克 / 份

🍚 食材用料

主　料

土豆 ············· 110 克

辅　料

青　椒 ············· 20 克

调味品

油、盐、味精、白糖、醋

🌸 营养成分 (每100克)

能　量 ··· 259.4～287.8 千焦

蛋白质 ······· 1.9～2.8 克

脂　肪 ······· 0.1～0.2 克

碳水化合物 ··· 13.3～14.9 克

钠 ················ 2.8 毫克

🔔 烹饪过程

1. 土豆、青椒切丝，备用。

2. 土豆丝焯水，捞出备用。

3. 起锅烧油，下入土豆丝、青椒丝翻炒，加入盐、味精、白糖调味，翻炒均匀断生，淋上醋即可。

⭐ 菜品特色

色泽鲜艳，清脆爽口。

蒜泥生菜

130 克 / 份

🍚 食材用料

主 料

生 菜 ············ 160 克

调味品

蒜、油、盐、味精、白糖

🍲 营养成分 (每100克)

能　量 ···116.5～131.4千焦
蛋白质 ········ 1.7～1.9 克
脂　肪 ······· 0.2～0.4 克
碳水化合物·········5.1 克
钠 ······ 205.3～214.2 毫克

🍛 烹饪过程

1. 蒜切末备用。

2. 热锅凉油，下入蒜末爆香，下入生菜，加入盐、味精、白糖调味，翻炒至生菜熟即可。

⭐ 菜品特色

色泽翠绿，脆嫩爽口。

炒洋葱

130 克 / 份

🍚 食材用料

主　料
洋　葱 ············ 150 克

调味品
辣椒、油、酱油、盐、味精

🌸 营养成分 (每100克)

能　量 ·· 551.7～685.5 千焦
蛋白质 ········ 0.9～2.3 克
脂　肪 ····· 10.8～11.2 克
碳水化合物 ···· 7.9～14.1 克
钠 ········· 4.0～12.0 毫克

🔔 烹饪过程

1. 辣椒、洋葱切丝备用。

2. 锅中加少许油，倒入洋葱、辣椒，加入酱油、盐、味精调味，翻炒至洋葱断生即可。

⭐ 菜品特色

爽口开胃，鲜香美味。

咖喱土豆

130 克 / 份

🍲 食材用料

主 料

土 豆 ·········· 130 克

辅 料

胡萝卜 ··········· 10 克

调味品

油、咖喱粉、盐、味精、白糖、
淀粉

🍯 营养成分（每100克）

能 量 ···384.5～392.9千焦
蛋白质 ········ 1.4～2.9克
脂 肪 ········ 3.8～5.3克
碳水化合物··· 11.8～13.8克
钠 ······ 225.0～340.0毫克

🔔 烹饪过程

1. 土豆、胡萝卜去皮，切块，备用。

2. 锅中加少许油，下入咖喱粉炒香，加适量水，下入土豆、胡萝卜；加入盐、味精、白糖调味，烧至熟烂，水淀粉勾芡至汤水浓厚即可。

⭐ 菜品特色

色泽金黄，咖喱味浓郁。

蔬菜类

红烧冬瓜

130 克 / 份

🍚 食材用料

主料

冬　瓜 ·········· 160 克

调味品

葱、油、酱油、盐、味精、
白糖

🌸 营养成分 (每100克)

能　量 ········· 56.50 千焦
蛋白质 ········· 0.6~0.7 克
脂　肪 ········· 0.1~0.2 克
碳水化合物 ···· 2.4~2.7 克
钠 ····· 337.1~340.0 毫克

🛎 烹饪过程

1. 将冬瓜去皮切块，葱切段，备用。

2. 锅中加少量油，加入葱段爆香，下入冬瓜；加入酱油、盐、味精、白糖调味，烧至冬瓜熟即可。

⭐ 菜品特色

色泽红亮，软烂香鲜。

油焖茄子

130 克 / 份

 食材用料

主 料

茄 子 ·········· 150 克

调味品

油、盐、酱油、白糖、味精、
淀粉、麻油

 营养成分 (每100克)

能 量 ··· 467.1～470.0 千焦
蛋白质 ······· 1.0～1.1 克
脂 肪 ··········· 10.0 克
碳水化合物 ········· 3.6 克
钠 ······ 275.9～278.1 毫克

 烹饪过程

1. 茄子切滚刀块备用。

2. 起锅烧油至 7 成热，下入茄子炸熟，捞出备用。

3. 锅留底油，放入茄子，加盐、酱油、白糖、味精、水，烧
   至汁水融合，用适量水淀粉勾芡，淋入麻油即可。

⭐ **菜品特色**

口感软烂，鲜甜不腻。

CHAPTER 8

主食/面点类

主食/面点类

米饭

90 克 / 份

🍚 食材用料

主 料

大　米 · · · · · · · · · · · · 50 克

🌸 营养成分 (每100克)

能　量 · · · 480.7～484.8 千焦
蛋白质 · · · · · · · · 2.5～2.6 克
脂　肪 · · · · · · · · 0.2～0.3 克
碳水化合物 · · · 25.9～26.0 克
钠 · · · · · · · · · · · · · 2.0 毫克

🔔 烹饪过程

1. 大米洗净备用。

2. 按照大米与水 1：1.2 的比例加水，蒸熟即可。

⭐ 菜品特色

晶莹透亮，松软有弹性。

白粥

350 克 / 份

🍚 食材用料

主　料
大　米 · · · · · · · · · · · · · 50 克

🌸 营养成分 (每100克)

能　量 · · · 196.4～242.4 千焦
蛋白质 · · · · · · · · 1.1～1.3 克
脂　肪 · · · · · · · · 0.2～0.3 克
碳水化合物 · · · · 9.9～13.4 克
钠 · · · · · · · · · · · · · · · 3.0 毫克

🛎 烹饪过程

1. 大米洗净备用。

2. 锅中放水，水烧开后，放入大米；大火煮 30 分钟后，改小火煮 30 分钟即可。

⭐ 菜品特色

黏稠顺滑，米香四溢。

淡馒头

70 克 / 份

🍚 食材用料

主　料

面　粉 ·············· 50 克

调味品

酵母、泡打粉、白糖

🌸 营养成分 (每100克)

能　量 ··· 932.1～985.4 千焦
蛋白质 ········ 7.0～7.8 克
脂　肪 ········ 1.0～1.1 克
碳水化合物 ··· 47.0～49.8 克
钠 ··············· 165.0 毫克

🔔 烹饪过程

1. 在面粉中放入酵母、泡打粉、白糖、水，搅拌均匀醒发，搓成长条形，切揉成型，用刀切成 2.5 厘米段。

2. 用中火蒸熟即可。

⭐ 菜品特色

饱满对称，暄软可口。

花卷

70 克 / 份

 食材用料

主　料
面　粉 ·············· 50 克

调味品
酵母、泡打粉、葱、盐、油

营养成分（每100克）

能　量 ··894.5～1 145.3千焦
蛋白质 ········· 6.4～6.5 克
脂　肪 ········· 1.0～3.2 克
碳水化合物 ··· 45.6～58.9 克
钠 ········· 95.0～97.0 毫克

 烹饪过程

1. 在面粉中加入水、酵母、泡打粉，调成面团醒发。

2. 葱切成细末，加盐、油拌匀，备用。

3. 面团搓成胚子，擀成长方形片状，刷上油，撒上葱花，卷起，上笼蒸熟即可。

⭐ **菜品特色**

饱满暄软，葱香浓郁。

肉包

90 克 / 份

🍚 食材用料

主　料
面　粉 ···········50 克

辅　料
猪肉糜 ···········20 克

调味品
酵母、泡打粉、盐、味精、白糖、
胡椒粉、姜、酱油

🌸 营养成分 (每100克)

能　量 ··948.8～1107.7千焦
蛋白质 ········7.3～8.8 克
脂　肪 ········9.5～10.0 克
碳水化合物 ···28.6～38.4 克
钠 ·······350.0～406.0 毫克

🛎 烹饪过程

1. 在面粉中加入水、酵母、泡打粉，调成面团，醒发备用。

2. 馅心：在猪肉糜中加入盐、味精、白糖、胡椒粉、姜汁、酱油搅拌均匀。

3. 将面团擀成圆形面皮，面皮中包入馅心，蒸熟即可。

⭐ 菜品特色

外形饱满，肉鲜适口。

菜包

90 克 / 份

食材用料

主 料

面 粉 ·············· 50 克

辅 料

青菜、香菇、豆腐干 ·· 30 克

调味品

酵母、泡打粉、十三香、盐、
味精、白糖、胡椒粉

营养成分（每100克）

能 量 ·· 932.1～1 007.3千焦
蛋白质 ········· 7.4～8.0 克
脂 肪 ········· 8.6～9.2 克
碳水化合物 ··· 29.1～30.1 克
钠 ············· 297.0 毫克

🔔 烹饪过程

1. 在面粉中加入水、酵母、泡打粉，调成面团，醒发备用。

2. 馅心：将青菜、香菇、豆腐干切末，与十三香、盐、味精、白糖、胡椒粉混合搅拌均匀。

3. 将面团擀成圆形面皮，面皮中包入馅心，蒸熟即可。

⭐ 菜品特色

外形饱满，咸鲜适口。

鲜肉生煎

30 克 / 个

🍱 食材用料

主 料

面 粉 ·············· 15 克

辅 料

猪肉糜、皮冻 ······· 10 克

调味品

酵母、泡打粉、盐、味精、白糖、
酱油、葱、姜、胡椒粉、油

🌸 营养成分 (每100克)

能 量 · 1 182.9～1 192.0 千焦

蛋白质 ······ 18.9～19.4 克

脂 肪 ······· 3.1～3.3 克

碳水化合物 ··· 44.4～45.7 克

钠 ······· 36.4～37.0 毫克

🔔 烹饪过程

1. 在面粉中加入水、酵母、泡打粉，调成面团，备用。

2. 馅心：将猪肉糜、皮冻、盐、味精、白糖、酱油、葱末、姜末、胡椒粉搅拌均匀。

3. 将面团擀成圆形面皮，面皮中包入馅心，上锅用油煎熟即可。

⭐ 菜品特色

肉鲜多汁，酥香松软。

鲜肉锅贴

25 克 / 个

食材用料

主　料

面　粉 · · · · · · · · · · · 15 克

辅　料

猪肉糜、皮冻 · · · · · · · · 10 克

调味品

盐、味精、白糖、酱油、胡椒粉、葱、姜、油

营养成分 (每100克)

能　量 · 1 203.8～1 211.3 千焦

蛋白质 · · · · · · 13.5～14.1 克

脂　肪 · · · · · · · 6.1～6.4 克

碳水化合物 · · · 44.1～45.1 克

钠 · · · · · · · · · · · · · 86.2 毫克

🔔 烹饪过程

1. 在面粉中加入水，调成面团，备用。

2. 馅心：将猪肉糜、盐、味精、白糖、酱油、皮冻、胡椒粉、葱末、姜末搅拌均匀。

3. 将面团擀成圆形面皮，面皮中包入馅心，上锅煎熟即可。

⭐ 菜品特色

酥脆软韧，馅香味美。

粢饭糕

80 克 / 份

食材用料

主 料
大 米 · · · · · · · · · · · 50 克

辅 料
糯 米 · · · · · · · · · · · 30 克

调味品
盐、味精、油

营养成分 (每100克)

能 量 · · · 965.5～982.3 千焦
蛋白质 · · · · · · · · 4.1～4.2 克
脂 肪 · · · · · · · · 0.6～0.8 克
碳水化合物 · · · 50.3～52.3 克
钠 · · · · · · · · · · · · · · · 2.0 毫克

烹饪过程

1. 在大米和糯米中加入适量水、盐、味精蒸熟，取出压实成方块状，冷却备用。

2. 切成合适大小；油锅烧至 8 成热，将粢饭糕放入油锅中，炸至金黄色即可。

菜品特色

色泽金黄，酥香软糯。

油条

80 克 / 份

食材用料

主料

面　粉 ············· 50 克

调味品

泡打粉、酵母、盐、猪油

营养成分 (每100克)

能　量·2 608.3～2 639.6千焦
蛋白质 ········ 5.1～5.6 克
脂　肪 ······ 50.4～50.7 克
碳水化合物··· 38.1～36.8 克
钠 ········· 3.0～3.5 毫克

 烹饪过程

1. 面粉中加入泡打粉、酵母、盐、猪油搅拌均匀。

2. 放置 4 小时后切条，炸熟即可。

⭐ 菜品特色

金黄中空，酥香软韧。

葱油拌面

1 份

🍚 食材用料

主 料

面 条 ·········· 100 克

调味品

葱、酱油、白糖、味精、油

🌸 营养成分 (每100克)

能　量 ··· 576.8～606.1 千焦

蛋白质 ········ 3.2～4.5 克

脂　肪 ········ 2.1～5.1 克

碳水化合物 ··· 20.2～25.2 克

钠 ····· 165.0～185.0 毫克

🔔 烹饪过程

1. 葱切段，酱油、白糖、味精调匀，备用。

2. 取适量油，锅中冷油放入葱，中小火炸葱油，备用。

3. 锅中烧开水，把面条煮熟，捞起装盘，加入调味料和葱油拌匀即可。

⭐ 菜品特色

葱香浓郁，爽滑筋道。

大肉面

1 份

🍚 食材用料

主 料
面 条 ·········· 100 克

辅 料
猪肉、青菜········· 80 克

调味品
油、葱、姜、料酒、酱油、
白糖

🌸 营养成分（每100克）

能 量 · 1 056.6～1 078.4 千焦
蛋白质 ······· 5.7～8.9 克
脂 肪 ····· 19.2～21.8 克
碳水化合物 ··· 8.9～10.2 克
钠 ····· 102.7～111.1 毫克

🔔 烹饪过程

1. 取炸好的猪肉备用。

2. 热锅凉油滑锅，放入葱、姜炒香，放入炸好的肉煸炒；加入料酒、酱油、白糖、水（水量没过肉即可），烧开后转小火焖 45 分钟。

3. 锅中烧水煮熟面条、青菜，捞入碗中，加入大肉浇头即可。

⭐ 菜品特色

肉香浓郁，爽滑筋道。

咸菜肉丝面

1 份

🥣 食材用料

主　料

面条 ············ 100 克

辅　料

咸菜、猪肉丝、青菜 ··· 80 克

调味品

油、白糖、胡椒粉、盐、味精

🌸 营养成分 (每100克)

能　量 ··· 623.7～698.1 千焦

蛋白质 ····· 50.3～50.9 克

脂　肪 ········ 7.3～9.7 克

碳水化合物 ···· 3.2～7.3 克

钠 ····· 1 832.5～1 832.6 毫克

🛎 烹饪过程

1. 取咸菜末、猪肉丝备用。

2. 热锅凉油滑锅，下入猪肉丝，煸炒至变白；加入咸菜煸炒，加入少量水，加入白糖、胡椒粉调味。

3. 将面条、青菜煮熟后捞入碗中，加面汤并放入盐、味精调味，倒入炒好的咸菜肉丝浇头即可。

⭐ 菜品特色

咸香浓郁，爽滑筋道。

大排面

1 份

🍚 食材用料

主　料
面　条·············100 克

辅　料
大排、青菜··········84 克

调味品
油、葱、姜、料酒、酱油、盐

🥚 营养成分（每100克）

能　量···788.8～804.1千焦
蛋白质·····52.0～55.9 克
脂　肪·····9.8～11.9 克
碳水化合物····5.2～5.9 克
钠······220.6～238.8 毫克

🔔 烹饪过程

1. 取做好的大排备用。

2. 起锅烧油，放入葱、姜炒出香味；放入大排、料酒、酱油、盐，加入适量汤，用大火煮开撇去浮沫，转小火焖熟，转大火收汁，备用。

3. 将面条、青菜煮熟后捞入碗中，加入烧好的大排浇头即可。

⭐ 菜品特色
咸香肉嫩，爽滑筋道。

辣酱面

1 份

🍲 食材用料

主　料
面　条 ·············· 100 克
辅　料
辣　酱 ·············· 80 克
调味品
油、姜、蒜、海鲜酱、辣椒酱、
料酒、酱油、味精、白糖、
胡椒粉、盐

🌸 营养成分 (每100克)

能　量 ··· 893.3～921.2 千焦
蛋白质 ········ 7.8～8.6 克
脂　肪 ········ 4.6～5.7 克
碳水化合物 ··· 35.8～35.9 克
钠 ······· 29.7～29.9 毫克

🔔 烹饪过程

1. 取做好的辣酱备用。

2. 起锅烧油，下入姜末、蒜泥炒香，加入海鲜酱、辣椒酱炒香，喷入料酒，加入少量水；加入酱油、味精、白糖、胡椒粉、盐调味，烧至汁水收浓即可。

3. 将面条煮熟后捞入碗中，加入辣酱浇头即可。

⭐ 菜品特色

香辣浓郁，爽滑筋道。

辣肉面

1 份

🍲 食材用料

主　料
面　条 ·········· 100 克
辅　料
猪肉末、青菜 ······· 100 克
调味品
鸡蛋液、盐、味精、生粉、姜蒜、
油、辣椒酱、料酒、酱油、
白糖、胡椒粉

🍄 营养成分 (每100克)

能　量 · 1 161.0～1 294.8 千焦
蛋白质 ······ 13.9～15.2 克
脂　肪 ······· 9.6～13.9 克
碳水化合物 ··· 32.1～32.6 克
钠 ······· 46.3～53.5 毫克

🔔 烹饪过程

1. 将猪肉末中加入鸡蛋液、盐、味精、生粉，上浆备用；准备蒜泥、姜末。

2. 热锅凉油滑锅，下入姜末、蒜泥煸炒出香味，加入辣椒酱、猪肉末，喷入料酒，加少量水；加入酱油、味精、白糖、胡椒粉、盐调味，烧至汁水变浓即可。

3. 将面条、青菜煮熟后捞入碗中，加入辣肉浇头即可。

⭐ 菜品特色

香辣肉嫩，爽滑筋道。

鲜肉小馄饨

1 个

🍚 食材用料

主 料
面　粉 ·············· 8 克

辅 料
猪肉糜 ············· 5 克

调味品
盐、味精、白糖、胡椒粉、酱油、
葱、姜

🌸 营养成分 (每100克)

能　量 · 1 503.8～1 529.5 千焦
蛋白质 ······ 15.6～15.7 克
脂　肪 ······ 13.0～13.6 克
碳水化合物 ··· 45.7～45.8 克
钠 ·········· 36.9～38.0 毫克

🛎 烹饪过程

1. 面粉中加水调成面团，备用。

2. 馅心：将肉末、盐、味精、白糖、胡椒粉、酱油、葱末、姜末搅拌均匀，备用。

3. 将面团擀成圆形面皮，用面皮包馅心。

4. 将葱末，盐放入碗中，加入开水；将小馄饨煮熟，盛入汤中即可。

⭐ 菜品特色

咸鲜适中，香浓味醇。

三鲜小馄饨

1 个

食材用料

主 料

面 粉 ·············· 8 克

辅 料

猪肉末、虾肉末 ······· 5 克

调味品

盐、酱油、白糖、味精、油、鸡
蛋液、紫菜、葱、香菜、虾皮

营养成分 (每100克)

能　量 · 1 175.0～1 239.4 千焦

蛋白质 ····· 11.3～11.9 克

脂　肪 ······· 7.0～9.0 克

碳水化合物··· 45.3～45.5 克

钠······· 68.2～71.7 毫克

烹饪过程

1. 面粉中加水调成面团，备用。

2. 馅心：将猪肉末、虾肉末、盐、酱油、白糖、味精、油搅拌均匀，备用。

3. 汤料：紫菜、葱末、香菜末、盐、虾皮，鸡蛋液摊蛋皮切丝，加入开水调味。

4. 将面团擀成圆形面皮，面皮中包入馅心，煮熟，盛入汤料即可。

菜品特色

味鲜可口，口味纯正。

菜肉馄饨

1 个

🍲 食材用料

主 料

面 粉 · · · · · · · · · · · · 10 克

辅 料

猪肉末、青菜 · · · · · · · 15 克

调味品

盐、味精、白糖、姜、葱、
猪油

🌸 营养成分 （每100克）

能 量 · ·997.3～1 097.7千焦
蛋白质 · · · · · 12.2～13.1 克
脂 肪 · · · · · · 7.1～10.3 克
碳水化合物 · · · 30.4～30.7 克
钠 · · · · · · · 29.1～34.5 毫克

🔔 烹饪过程

1. 在面粉中加入水调成面团，备用。

2. 馅心：猪肉末中加入盐、味精、白糖、姜末打至起胶；青菜焯水，过凉切碎拌入猪肉糜中，备用。

3. 汤料：盐、味精、葱末、麻油。

4. 将面团擀成圆形面皮，面皮中包入馅心，煮熟，盛入汤料即可。

⭐ 菜品特色

味鲜可口，口味纯正。

上海小笼

1 个

食材用料

主 料
面 粉 · · · · · · · · · · · 10 克

辅 料
猪肉末、皮冻· · · · · · · 15 克

调味品
盐、味精、白糖、胡椒粉、葱、
姜、酱油

营养成分 (每100克)

能 量 · 1 529.0～1 570.8 千焦
蛋白质 · · · · · · 18.0～18.2 克
脂 肪 · · · · · · 19.4～20.3 克
碳水化合物 · · · 30.1～30.3 克
钠 · · · · · · · · 55.8～57.6 毫克

烹饪过程

1. 在面粉中加水调成面团，备用。

2. 馅心：将猪肉末、盐、味精、白糖、胡椒粉、皮冻、葱末、姜末、酱油搅拌均匀，备用。

3. 将面团擀成圆形面皮，面皮中包入馅心，蒸熟即可。

菜品特色

鲜嫩多汁，酥香松软。

糯米香菇烧麦

1 个

🍚 食材用料

主　料

面　粉 ·············· 17 克

辅　料

猪肉糜、大米、糯米、香菇、
笋 ················· 33 克

调味品

盐、味精、白糖、酱油、葱

🌸 营养成分 (每100克)

能　量 ···798.4～898.7 千焦

蛋白质 ········ 6.0～9.3 克

脂　肪 ······· 7.8～11.2 克

碳水化合物 ··· 19.3～23.9 克

钠 ····· 520.0～589.0 毫克

🔔 烹饪过程

1. 在面粉中加水调成面团；大米和糯米混合，加水，蒸熟，
备用。

2. 馅心：将盐、味精、白糖、酱油、猪肉糜、香菇粒、笋粒、
葱末等食材爆香，倒入蒸好的大米，拌匀后加入葱末，备用。

3. 将面团擀成圆形面皮，面皮中包入馅心，蒸熟即可。

⭐ 菜品特色

香糯可口，不油腻。

白菜猪肉水饺

1 个

🍲 食材用料

主 料

面　粉 ············· 15 克

辅 料

猪肉末、白菜 ········ 10 克

调味品

盐、味精、白糖、姜

🥚 营养成分 (每100克)

能　量 ··· 783.3～856.9 千焦

蛋白质 ········ 7.3～9.4 克

脂　肪 ········ 6.4～8.0 克

碳水化合物 ··· 22.6～24.9 克

钠 ········ 535.0～550.0 毫克

🔔 烹饪过程

1. 在面粉中加水调成面团，备用。

2. 馅心：将猪肉末加入盐、味精、白糖、姜末打至起胶；白菜加盐腌出水分，切碎加入肉末中拌匀，备用。

3. 将面团擀成圆形面皮，面皮中包入馅心，煮熟即可。

⭐ 菜品特色

饱满味鲜，咸鲜适中。

CHAPTER 9

大众汤类

紫菜蛋花汤

1 份

🍲 食材用料

主 料
紫 菜 ·············· 8 克

辅 料
鸡 蛋 ·············· 8 克

调味品
葱、盐、油、味精

🍯 营养成分 (每100克)

能　量 ···160.6～177.9 千焦
蛋白质 ·······4.9～6.4 克
脂　肪 ·······1.2～1.5 克
碳水化合物 ····3.1～5.0 克
钠 ·······89.9～102.1 毫克

🔔 烹饪过程

1. 葱切末，鸡蛋打散，紫菜撕碎，备用。

2. 锅中烧水，加盐、油、味精调味，放入紫菜烧开后打入鸡蛋液，装碗即可。

⭐ 菜品特色

口味鲜美，营养美味。

番茄蛋花汤

1 份

🍲 食材用料

主 料
番茄 · · · · · · · · · · · 30 克

辅 料
鸡 蛋 · · · · · · · · · · · 8 克

调味品
葱、油、盐、味精

🌸 营养成分 (每100克)

能 量 · · · · · 79.0～83.2千焦
蛋白质 · · · · · · · · · · · 1.5 克
脂 肪 · · · · · · · · · · · 0.9 克
碳水化合物 · · · · · 1.3～1.6 克
钠 · · · · · · · · · 13.7～16.0 毫克

🛎 烹饪过程

1. 番茄切块，葱切末，鸡蛋打散，备用。

2. 锅中加少许油，加入番茄，煸炒至反沙，加适量开水；加入盐、味精调味，水开淋入鸡蛋液，撒入葱花即可。

⭐ 菜品特色

色泽鲜艳，鲜香浓郁。

冬瓜蛋花汤

1 份

🍚 食材用料

主 料
冬 瓜 · · · · · · · · · · · 60 克

辅 料
鸡 蛋 · · · · · · · · · · · · 8 克

调味品
葱、盐、油、味精

🌸 营养成分 (每100克)

能 量 · · · · · 66.3～74.8 千焦
蛋白质 · · · · · · · · 1.1～1.2 克
脂 肪 · · · · · · · · · · · · 0.7 克
碳水化合物 · · · · 1.5～2.1 克
钠 · · · · · · · · 9.5～10.0 毫克

🔔 烹饪过程

1. 冬瓜切小厚片，鸡蛋打散，葱切末，备用。

2. 锅中加少许油，把冬瓜煸炒一下；加入适量水及盐、味精调味，烧开待冬瓜断生后淋入鸡蛋液，撒上葱花即可。

⭐ 菜品特色

清爽鲜美，蛋滑汤清。

咸菜蛋花汤

1 份

🍚 食材用料

主　料

咸　菜 ·············· 25 克

辅　料

鸡　蛋 ·············· 8 克

调味品

葱、油、盐、味精

🌸 营养成分 (每100克)

能　量 ····· 44.1～62.9 千焦

蛋白质 ·············· 1.1 克

脂　肪 ········ 0.6～0.9 克

碳水化合物····· 0.9～1.1 克

钠 ····· 323.4～470.7 毫克

🔔 烹饪过程

1. 咸菜切末，鸡蛋打散，葱切末，备用。

2. 锅中加少许油，把咸菜煸炒一下；加适量水及盐、味精调味，水开后淋入鸡蛋液，撒入葱花即可。

⭐ 菜品特色

咸鲜味美，清爽下饭。

冬瓜葱花汤

1 份

🍚 食材用料

主 料
冬 瓜 ·············· 60 克

辅 料
葱 ················· 8 克

调味品
油、盐、味精

🌼 营养成分 (每100克)

能　量 ····· 33.1～41.7 千焦
蛋白质 ········ 0.3～0.4 克
脂　肪 ············· 0.1 克
碳水化合物 ····· 1.5～2.1 克
钠 ·········· 1.2～1.7 毫克

🔔 烹饪过程

1. 香葱切段、切末，冬瓜切丁，备用。

2. 锅中加少许油，加入葱段、冬瓜煸炒；加入适量水及盐、味精调味，煮至冬瓜熟，撒上葱末即可。

⭐ 菜品特色

汤色浓白，鲜香味美。

罗宋汤

1 份

🍲 食材用料

主　料

卷心菜 · · · · · · · · · · · · · 6 克

辅　料

番茄、土豆、红肠、洋葱 · · ·

· · · · · · · · · · · · · · · · · · 40 克

调味品

油、番茄酱、盐、白糖、淀粉、醋

🌸 营养成分 (每100克)

能　量 · · · 280.1～315.6 千焦

蛋白质 · · · · · · · 2.9～4.6 克

脂　肪 · · · · · · · 2.2～4.2 克

碳水化合物 · · · · 7.2～7.6 克

钠 · · · · · 186.9～198.8 毫克

🍽 烹饪过程

1. 红肠切片，土豆切厚片，卷心菜、番茄、洋葱切块，备用。

2. 锅中加适量油，加入洋葱煸香，加番茄煸炒至反沙，加入番茄酱煸炒均匀，加适量水，加入土豆、卷心菜烧开；加少许盐、白糖调味，待烧入味后用水淀粉勾芡，放入红肠片，加醋搅匀调味适中即可。

⭐ 菜品特色

口感醇厚，味道香浓。

酸辣汤

1 份

🍚 食材用料

主 料
豆 腐 · · · · · · · · · · · · · 25 克

辅 料
鸡蛋、香菇、笋 · · · · · · 20 克

调味品
盐、味精、胡椒粉、淀粉、辣油、
麻油、醋

🌸 营养成分 (每100克)

能 量 · · · 163.0～167.2 千焦
蛋白质 · · · · · · · 2.0～3.7 克
脂 肪 · · · · · · · · 1.6～2.2 克
碳水化合物 · · · · · 2.2～2.7 克
钠 · · · · · · 270.4～307.1 毫克

🍲 烹饪过程

1. 豆腐、香菇切丝，鸡蛋打散，笋切丝焯水冲凉，备用。

2. 锅中烧水，加入豆腐丝、香菇丝、笋丝、盐、味精、胡椒粉；烧开后加水淀粉勾芡至浓厚，倒入鸡蛋液，淋上辣油、麻油、醋调味，适当搅匀即可。

⭐ 菜品特色

酸辣鲜香，口感丰富。

荠菜豆腐羹

1 份

🍲 食材用料

主 料

豆 腐 · · · · · · · · · · · 30 克

辅 料

荠 菜 · · · · · · · · · · · 10 克

调味品

葱、油、盐、味精、淀粉、油

🌸 营养成分（每100克）

能 量 · · · · · 66.4～69.7千焦
蛋白质 · · · · · · · 1.5～1.7 克
脂 肪 · · · · · · · 0.3～0.4 克
碳水化合物 · · · · · · · · 1.9 克
钠 · · · · · · · 11.0～11.3 毫克

🔔 烹饪过程

1. 将荠菜焯水，冲凉切碎；葱切末，豆腐切丝，备用。

2. 锅中烧适量水，烧开后倒入豆腐丝，再烧开；加入盐、味精调味，水淀粉勾芡，撒上荠菜末、葱末，淋上熟油搅匀即可。

⭐ 菜品特色

软糯滑爽，口感丰富。

附录

附录一

大学生一日三餐营养素参考值

营养素	男				女			
	早餐	午餐	晚餐	合计	早餐	午餐	晚餐	合计
能量（千焦/天）	2 825	3 767	2 825	9 418	2 260	3 013	2 260	7 534
蛋白质（克/天）	20	25	20	65	16	22	16	55
脂肪（克/天）	1 522	2 030	1 522	5 075	1 218	1 624	1 218	4 060
碳水化合物（克/天）	84 110	112 146	84 110	280 365	6 887	90 116	6 887	225 290
维生素 A（微克视黄醇活性当量/天）	240	320	240	800	210	280	210	700
维生素 D（微克/天）	3	4	3	10	3	4	3	10
维生素 E（毫克 α- 生育酚当量/天）	4	6	4	14	4	6	4	14
维生素 C（毫克/天）	30	40	30	100	30	40	30	100
钙（毫克/天）	240	320	240	800	240	320	240	800
钠（毫克/天）	450	600	450	1 500	450	600	450	1 500
铁（毫克/天）	3.6	4.8	3.6	12	6	8	6	20
锌（毫克/天）	4	4.5	4	12.5	2	3.5	2	7.5
碘（微克/天）	36	48	36	120	36	48	36	120
硒（微克/天）	18	24	18	60	18	24	18	60

引自：中国居民膳食营养摄入量（2013 版）

附录二

厨师专栏（30 客数值参考）

序号	类别	菜品名称	成品重量（克）	主料 名称	主料 毛重（克）	辅料 名称	辅料 毛重（克）
1		红烧大排	2 850	大排	2 550		
2		红烧肉	2 550	带皮五花肉	3 000		
3		红烧肉圆	2 550	猪肉末	1 800		
4		糖醋小排	3 300	草排	3 000		
5		炸猪排	3 300	猪大排	2 550		
6		椒盐排条	3 000	大排	3 000		
7	猪、牛、羊肉类	茄汁咕咾肉	4 500	猪腿肉	2 400	青椒	300
8		土豆烧肉	4 200	去皮五花肉	2 250	土豆	2 250
9		爆炒牛肉片	3 300	牛肉	900	京葱	1 800
10		洋葱牛肉丝	3 300	牛肉	900	洋葱	1 800
11		杭椒牛柳	3 300	牛肉	900	杭椒	1 800
12		土豆烧牛肉	3 900	牛腩	1 500	土豆	2 250
13		烤羊排	1 950	羊排	3 000		
14		爆炒羊肉片	3 300	羊肉	1 500	胡萝卜、洋葱、京葱	1 800
15		回锅肉片	4 200	五花肉	1 500	卷心菜、青蒜	3 000
16		胡萝卜炒肉丝	3 900	胡萝卜	3 000	猪腿肉	900
17		莴笋炒肉丝	3 900	莴笋	6 000	猪腿肉	900
18	混炒类	蒜苗炒肉丝	3 900	蒜苗	3 000	猪腿肉	900
19		青椒炒肉丝	3 900	青椒	3 000	猪腿肉	900
20		榨菜炒肉丝	3 900	榨菜	3 000	猪腿肉	900
21		洋葱炒肉丝	3 900	洋葱	3 000	猪腿肉	900

序号	类别	菜品名称	成品重量（克）	主料		辅料	
				名称	毛重（克）	名称	毛重（克）
22		鱼香肉丝	3 900	猪腿肉	900	土豆	3 000
23		韭菜干丝肉丝	4 500	韭菜	3 000	厚干丝	750
24						猪腿肉	750
25		豇豆炒肉丝	3 900	豇豆	3 000	猪腿肉	900
26		辣味炒酱	3 900	土豆	2 700	豆腐干、花生米	750
27				猪腿肉	450		
28		百叶包肉	1 800	百叶包	半张	二八肉糜	900
29		肉末粉丝	1 800	浸泡粉丝	4 050	猪腿肉末	900
30		油面筋塞肉	1 800	油面筋	1 个	二八肉糜	900
31		黄瓜炒肉片	3 900	黄瓜	3 000	猪腿肉	900
32		西蓝花炒肉片	3 900	西兰花	3 000	猪腿肉	900
33		平菇炒肉片	1 800	平菇	3 300	猪腿肉	900
34		花菜炒肉片	3 900	花菜	3 000	猪腿肉	900
35		西葫芦炒肉片	3 900	西葫芦	3 000	猪腿肉	900
36		莴笋炒肉片	3 900	莴笋	6 000	猪腿肉	900
37		芹菜炒肉片	3 900	芹菜	3 900	猪腿肉	900
38		红烧鸡腿	3 300	鸡琵琶腿	3 750		
39		脆皮炸鸡腿	4 500	鸡手枪腿	4 800		
40		盐水鸡块	3 600	鸡腿肉	4 800		
41	禽类	咖喱土豆鸡块	4 200	西装鸡	3 000	土豆	1 500
42		红烧鸡翅根	1 200	鸡翅根	1 500		
43		油炸鸡中翅	1 200	鸡中翅	1 650		
44		奥尔良烤翅	1 200	鸡中翅	1 650		
45		炸鸡柳	3 600	鸡胸肉	3 600		

序号	类别	菜品名称	成品重量（克）	主料		辅料	
				名称	毛重（克）	名称	毛重（克）
46		宫保鸡丁	3 900	鸡胸肉	2 700	土豆、花生米	750
47		辣子鸡块	4 200	西装鸡	3 600	土豆	600
48		香酥鸭腿	4 200	鸭腿	4 500		
49		红烧鸭腿	4 800	鸭腿	5 400		
50		番茄炒蛋	3 900	番茄	2 100	鸡蛋	1 800
51		韭菜炒蛋	3 900	韭菜	2 100	鸡蛋	1 800
52		西葫芦炒蛋	3 900	西葫芦	2 100	鸡蛋	1 800
53		黑木耳炒蛋	3 900	水发黑木耳	1 800	鸡蛋	2 100
54		青椒炒蛋	3 900	青椒	2 100	鸡蛋	1 800
55	蛋品类	丝瓜炒蛋	3 900	丝瓜	2 100	鸡蛋	1 800
56		黄瓜炒蛋	3 900	黄瓜	2 100	鸡蛋	1 800
57		水蒸蛋	4 200	鸡蛋	2 100		
58		肉糜炖蛋	3 600	蛋	2 100	肉糜	1 500
59		卤蛋／虎皮蛋	2 100	鸡蛋	2 100		
60		荷包蛋	2 100	鸡蛋	2 100		
61		白煮蛋	1 800	鸡蛋	1 800		
62		熏鱼	2 850	草鱼	4 500		
63		剁椒鱼块	3 600	白鲢	4 650		
64		红烧鱼块	3 600	草鱼	4 200		
65		干煎带鱼	3 000	带鱼	4 500		
66	水产类	面拖小黄鱼	3 600	小黄鱼	3 600		
67		红烧罗非鱼	3 600	罗非鱼	4 200		
68		清蒸小鲳鱼	3 600	小鲳鱼	3 300		
69		清蒸鳊鱼	4 650	鳊鱼	4 200		

序号	类别	菜品名称	成品重量（克）	主料		辅料	
				名称	毛重（克）	名称	毛重（克）
68		红烧河鲫鱼	3 300	河鲫鱼	3 600		
69		油爆虾	2 400	冻基围虾	3 000		
70		椒盐虾	2 700	冻基围虾	3 000	洋葱末、青红椒	300
71		盐水虾	2 700	冻基围虾	3 000		
72		韭菜干丝	3 900	韭菜	2 700	厚百叶	1 200
73		芹菜干丝	3 900	芹菜	3 000	厚百叶	1 200
74		青椒干丝	3 900	厚百叶	3 300	青椒	600
75		红烧油豆腐	5 400	豆腐	3 000		
76		黄豆芽炒油豆腐	3 900	黄豆芽	3 300	油豆腐	600
77		家常豆腐	3 900	老豆腐	3 750	水发木耳、甜椒、笋片	450
78				猪肉	300		
79		麻辣豆腐	3 900	豆腐	3 300	肉末	150
80		葱油麻腐	3 900	麻腐	3 900		
81	豆制品	五香兰花干	3 000	兰花干（1块）	2 700		
82		大蒜香干	3 900	青大蒜	2 850	香干	1 200
83		黄瓜炒腐竹	3 600	黄瓜	3 000	水发腐竹	600
84		咸肉蒸百叶	3 900	百叶结	3 000	咸肉	900
85		咸菜炒粉皮	3 900	咸菜	600	粉皮	3 300
86		油三角塞肉	4 500	油三角	3 000	肉糜	1 500
87		豆腐衣炒青菜	3 900	青菜	3 300	豆腐衣	1200
88		红烧百叶结	3 900	百叶结	3 300		
89		青椒炒面筋	3 900	青椒	1 500	水面筋	2 400
		香菇炒面筋	3 900	水面筋	2 400	水发香菇、水发木耳	1 200

序号	类别	菜品名称	成品重量（克）	主料		辅料	
				名称	毛重（克）	名称	毛重（克）
90		四喜烤麸	3 900	烤麸	3 000	水发木耳、花生米、香菇、黄花菜	900
91		五香素鸡	2 700	素鸡	2 400		
92		油炸臭豆腐	3 900	臭豆腐	4 500		
93		炒青菜	3 900	青菜	5 400		
94		炒大白菜	3 900	大白菜	6 000		
95		炒卷心菜	3 900	卷心菜	4 500		
96		炒豇豆	3 900	豇豆	4 500		
97		清炒绿豆芽	3 900	绿豆芽	4 500		
98		青椒藕片	3 900	藕	3 600	青椒	300
99		红烧萝卜	3 900	萝卜	4 500		
100	蔬菜类	蒜泥海带丝	3 900	海带丝	3 900		
101		葱油海带结	3 900	海带结	3 900		
102		葱油芋艿	3 900	速冻芋头	3 900		
103		青椒土豆丝	3 900	土豆丝	3 300	青椒	600
104		蒜泥生菜	3 900	生菜	4 800		
105		炒洋葱	3 900	洋葱	4 500		
106		咖喱土豆	3 900	土豆	3 900	胡萝卜	300
107		红烧冬瓜	3 900	冬瓜	4 800		
108		油焖茄子	3 900	茄子	4 500		
109		米饭	2 700	大米	1 500		
110	主食／面点类	白粥	10 500	大米	1 500		
111		淡馒头	2 100	面粉	1 500		
112		花卷	2 100	面粉	1 500		

序号	类别	菜品名称	成品重量（克）	主料		辅料	
				名称	毛重（克）	名称	毛重（克）
113		肉包	2 700	面粉	1 500	馅心（肉糜）	600
114		菜包	2 700	面粉	1 500	馅心（青菜、香菇、豆腐干）	900
115		鲜肉生煎	900	面粉	450	馅心（肉糜）	300
116		鲜肉锅贴	750	面粉	450	馅心（肉糜）	300
117		粢饭糕	2 400	大米	1 500	糯米	900
118		油条	2 400	面粉	1 500		
119		葱油拌面		面条			
120		大肉面		面条		大肉	2 400
121		咸菜肉丝面		面条		咸菜、肉丝	2 400
122		大排面		面条		大排	2 520
123		辣酱面		面条		辣酱	2 400
124		辣肉面		面条		猪肉末	3 000
125		鲜肉小馄饨		面粉	240	馅心（肉糜）	150
126		三鲜小馄饨		面粉	240	馅心（肉糜、虾糜）	150
127		菜肉馄饨		面粉	300	馅心（肉糜、青菜）	450
128		上海小笼		面粉	300	馅心（肉糜）	450
129		糯米香菇烧麦		面粉	510	馅心（肉糜、大米、糯米、香菇、笋）	990
130		白菜猪肉水饺		面粉	450	馅心（肉、白菜）	300
131		紫菜蛋花汤		紫菜	240	鸡蛋	240
132	大众汤类	番茄蛋花汤		番茄	900	鸡蛋	240
133		冬瓜蛋花汤		冬瓜	1 800	鸡蛋	240
134		咸菜蛋花汤		咸菜	750	鸡蛋	240

序号	类别	菜品名称	成品重量（克）	主料		辅料	
				名称	毛重（克）	名称	毛重（克）
135		冬瓜葱花汤		冬瓜	1 800	香葱	240
136		罗宋汤		卷心菜	180	番茄、土豆、红肠、洋葱	1 200
137		酸辣汤		豆腐	750	鸡蛋、香菇、笋丝	600
138		荠菜豆腐羹		豆腐	900	荠菜	300

编后记

在上海市教委学校后勤保卫处的指导下，上海现代高校智慧后勤研究院学校餐饮管理研究中心和上海市学校后勤协会餐饮专业委员会组建课题组开展相关工作调研，全面梳理上海高校大伙食堂500多道菜品，最终确定了含138道菜品的标准化菜谱，为进一步建设标准化食堂打下基础，也为下一步推动高校餐饮行业生产力，促进高校餐饮行业管理理念及管理水平的提升制定相关政策文件提供依据。

上海学校食堂标准化菜谱的研究自2021年3月启动，经过商拟提纲、收集资料、分析数据、撰写初稿、征求意见、修改补充、菜谱实验、审定核稿、设计拍摄等系列工作，历时8个多月，共召开各类专家讨论会议20余场，终于付梓。在编写过程中，市教委、市市场监督管理局、市粮食储备与物资管理局等部门领导高度重视、悉心指导；潘迎捷、厉曙光、吴晓明、赵勇、刘洪等专家对营养分析全面指导，提出了建设性的建议和意见；全市50多所高校餐饮部门及时提供大量数据，复旦大学、同济大学、上海交通大学、东华大学、上海大学、上海财经大学、上海师范大学、上海理工大学、上海海洋大学、上海海事大学、上海建桥学院、上海市第二轻工业学校积极参与菜谱实验、提供资料并提出书稿修改意见，对此深表谢意。另外，也感谢上海高校后勤配货管理中心、上海学校餐饮服务有限公司、上海新弘生态农业有限公司提供的大力支持。

菜谱的编写要求数据准确、方便操作、材料翔实。然而，本次菜谱标准化尚属首次开展、首次编写，难免欠缺经验；同时由于中餐标准化难度高、各个厨师有不同的烹饪习惯，故数据材料不统一的现象屡有发生。编者在分析及撰写过程中力求真实，多次回访高校反复调查，虽然尽责尽力，但囿于水平，错漏之处在所难免，如有不当，恳请斧正。

编委会

2022年11月

图书在版编目(CIP)数据

上海学校食堂标准化菜谱:高校版/上海现代高校智慧后勤研究院,上海市学校后勤协会
编.—上海:复旦大学出版社,2022.12
ISBN 978-7-309-16397-1

Ⅰ.①上… Ⅱ.①上… ②上… Ⅲ.①食谱-中国 Ⅳ.①TS972.182

中国版本图书馆 CIP 数据核字(2022)第 162390 号

上海学校食堂标准化菜谱(高校版)
上海现代高校智慧后勤研究院 上海市学校后勤协会 编
责任编辑/肖 芬

复旦大学出版社有限公司出版发行
上海市国权路 579 号 邮编:200433
网址:fupnet@ fudanpress.com http://www.fudanpress.com
门市零售:86-21-65102580 团体订购:86-21-65104505
出版部电话:86-21-65642845
上海丽佳制版印刷有限公司

开本 787×1092 1/16 印张 11.25 字数 322 千
2022 年 12 月第 1 版
2022 年 12 月第 1 版第 1 次印刷

ISBN 978-7-309-16397-1/T·721
定价:108.00 元

如有印装质量问题,请向复旦大学出版社有限公司出版部调换。
版权所有 侵权必究